U0351026

21世纪高等学校计算机教育实用规划教材

SQL Server 2012
数据库技术与应用

郭 玲 编著

清华大学出版社

北京

内 容 简 介

本书按照项目/任务驱动模式组织内容,以"图书借阅数据库系统"为应用案例贯穿始终,讲解 SQL Server 2012 的安装与配置;创建、管理数据库及数据库对象;对数据库系统进行日常管理和维护。在教学过程中紧扣各章节的知识点展开实践内容,使读者尽可能多地掌握设计开发以及管理一个数据库应用系统的技能,对职业岗位工作具有指导性。

本书既可以作为计算机类及相关专业的参考书,也可以供 SQL Server 数据库管理员、从事基于 C/S 和 B/S 结构的数据库应用系统开发人员学习参考。

图书在版编目(CIP)数据

SQL Server 2012 数据库技术与应用/郭玲编著.—北京:清华大学出版社,2016(2021.8 重印)
ISBN 978-7-302-43311-8

Ⅰ.①S… Ⅱ.①郭… Ⅲ.①关系数据库系统—教材 Ⅳ.①TP311.138

中国版本图书馆 CIP 数据核字(2016)第 051653 号

责任编辑:刘向威 薛 阳
封面设计:常雪影
责任校对:白 蕾
责任印制:刘海龙

出版发行:清华大学出版社
  网   址:http://www.tup.com.cn,http://www.wqbook.com
  地   址:北京清华大学学研大厦 A 座   邮   编:100084
  社 总 机:010-62770175   邮   购:010-83470235
  投稿与读者服务:010-62776969,c-service@tup.tsinghua.edu.cn
  质量反馈:010-62772015,zhiliang@tup.tsinghua.edu.cn
  课件下载:http://www.tup.com.cn,010-83470236
印 装 者:涿州市京南印刷厂
经   销:全国新华书店
开   本:185mm×260mm   印   张:17.75   字   数:432 千字
版   次:2016 年 4 月第 1 版   印   次:2021 年 8 月第 3 次印刷
印   数:2201～2300
定   价:35.00 元

产品编号:068030-01

出 版 说 明

　　随着我国高等教育规模的扩大以及产业结构调整的进一步完善,社会对高层次应用型人才的需求将更加迫切。各地高校紧密结合地方经济建设发展需要,科学运用市场调节机制,合理调整和配置教育资源,在改革和改造传统学科专业的基础上,加强工程型和应用型学科专业建设,积极设置主要面向地方支柱产业、高新技术产业、服务业的工程型和应用型学科专业,积极为地方经济建设输送各类应用型人才。各高校加大了使用信息科学等现代科学技术提升、改造传统学科专业的力度,从而实现传统学科专业向工程型和应用型学科专业的发展与转变。在发挥传统学科专业师资力量强、办学经验丰富、教学资源充裕等优势的同时,不断更新教学内容、改革课程体系,使工程型和应用型学科专业教育与经济建设相适应。计算机课程教学在从传统学科向工程型和应用型学科转变中起着至关重要的作用,工程型和应用型学科专业中的计算机课程设置、内容体系和教学手段及方法等也具有不同于传统学科的鲜明特点。

　　为了配合高校工程型和应用型学科专业的建设和发展,急需出版一批内容新、体系新、方法新、手段新的高水平计算机课程教材。目前,工程型和应用型学科专业计算机课程教材的建设工作仍滞后于教学改革的实践,如现有的计算机教材中有不少内容陈旧(依然用传统专业计算机教材代替工程型和应用型学科专业教材),重理论、轻实践,不能满足新的教学计划、课程设置的需要;一些课程的教材可供选择的品种太少;一些基础课的教材虽然品种较多,但低水平重复严重;有些教材内容庞杂,书越编越厚;专业课教材、教学辅助教材及教学参考书短缺,等等,都不利于学生能力的提高和素质的培养。为此,在教育部相关教学指导委员会专家的指导和建议下,清华大学出版社组织出版本系列教材,以满足工程型和应用型学科专业计算机课程教学的需要。本系列教材在规划过程中体现了如下一些基本原则和特点。

　　(1) 面向工程型与应用型学科专业,强调计算机在各专业中的应用。教材内容坚持基本理论适度,反映基本理论和原理的综合应用,强调实践和应用环节。

　　(2) 反映教学需要,促进教学发展。教材规划以新的工程型和应用型专业目录为依据。教材要适应多样化的教学需要,正确把握教学内容和课程体系的改革方向,在选择教材内容和编写体系时注意体现素质教育、创新能力与实践能力的培养,为学生知识、能力、素质协调发展创造条件。

　　(3) 实施精品战略,突出重点,保证质量。规划教材建设仍然把重点放在公共基础课和专业基础课的教材建设上;特别注意选择并安排一部分原来基础比较好的优秀教材或讲义修订再版,逐步形成精品教材;提倡并鼓励编写体现工程型和应用型专业教学内容和课程体系改革成果的教材。

（4）主张一纲多本，合理配套。基础课和专业基础课教材要配套，同一门课程可以有多本具有不同内容特点的教材。处理好教材统一性与多样化，基本教材与辅助教材，教学参考书，文字教材与软件教材的关系，实现教材系列资源配套。

（5）依靠专家，择优选用。在制订教材规划时要依靠各课程专家在调查研究本课程教材建设现状的基础上提出规划选题。在落实主编人选时，要引入竞争机制，通过申报、评审确定主编。书稿完成后要认真实行审稿程序，确保出书质量。

繁荣教材出版事业，提高教材质量的关键是教师。建立一支高水平的以老带新的教材编写队伍才能保证教材的编写质量和建设力度，希望有志于教材建设的教师能够加入到我们的编写队伍中来。

21 世纪高等学校计算机教育实用规划教材编委会

联系人：魏江江 weijj@tup.tsinghua.edu.cn

前　言

　　数据库技术是计算机科学技术的主要分支,是信息技术产业的重要支撑,是衡量国家信息化程度的主要标志。数据库技术已经从一种专门的计算机应用发展成现代社会发展的一个重要组成成分。

　　SQL Server、Oracle、MySQL、DB2 是当前数据库系统市场 4 大流行产品,市场占有率最高。Oracle 作为一个成熟的数据库产品,适用于大型数据库系统,稳定性高,操作复杂,有些技术是其他数据库厂商学习的榜样;MySQL 的开源与免费是其在中小型企业流行的重要原因,但其有可维护性较差的缺陷;DB2 是 IBM 推出的一个数据库管理系统,在国外使用较为广泛;SQL Server 在事务处理、数据挖掘、负载均衡等方面能力出众,使得数据库应用系统的开发、设计变得快捷方便,同时 SQL Server 在数据库市场占有相当的份额。因此,掌握 SQL Server 数据库技术非常必要。

　　1. 本书特点

　　本书依据"做中学"的主导思想,遵循数据库应用系统开发流程,以学生认知度较高的典型项目"图书借阅数据库系统"和"学生选课系统"为主线,按照精简理论、强化实践内容的原则,通过"项目＋任务"形式将理论与实践密切结合。本书既不是简单地解释 SQL Server 数据库管理系统的功能和命令,也不是单纯地进行理论讲授,而是通过对实际问题的逐步解决来介绍 SQL Server 数据库的应用技术,特别强调知识的重现和读者的易于模仿,对职业岗位工作具有指导作用,同时,反映出教育性和职业性科学结合的高职教育特点。

　　2. 本书结构

　　全书共 15 个项目,以"图书借阅数据库系统"为主线,讲解 SQL Server 2012 数据库的应用技术(本课程不涉及前端应用程序开发)。

　　项目 1　SQL Server 2012 系统概述:主要讲述 SQL Server 2012 的安装和配置以及 SQL Server 管理平台(SQL Server Management Studio,SSMS)。

　　项目 2　创建数据库:主要讲述数据库的创建。

　　项目 3　创建数据表:主要讲述创建和管理数据表。数据表是最基本的数据库对象,对数据表中数据的存取速度在一定程度上表明了数据库性能的好坏。

　　项目 4　实施数据完整性规则:主要讲述通过设置约束、标识列等来确保数据完整性规则的实施,让用户能输入符合要求的信息。

　　项目 5　管理数据:主要讲述通过插入、修改和删除操作更新数据表中数据的方法。对 SQL Server 程序员而言,数据更新是最重要的工作之一。

　　项目 6　Transact-SQL 基础:主要讲述 Transact-SQL 的语言要素,包括命名规则、常量、变量、运算符、流程控制语句以及函数等。

项目 7　查询与统计数据：主要讲述查询与统计数据的方法。

项目 8　创建与管理视图：主要讲述视图的定义、操作及优点，从而帮助读者掌握使用视图的时机。

项目 9　创建与管理索引：主要讲述索引的基本使用方法。

项目 10　创建与管理存储过程：主要讲述存储过程的概念、使用存储过程的时机以及对存储过程的各种操作。

项目 11　创建与管理触发器：主要讲述触发器的各种操作以及如何利用触发器维护数据的完整性。作为一种特殊的存储过程，触发器与数据表紧密相连，可以看作数据表定义的一部分。

项目 12　创建与使用游标：主要讲述游标的创建及使用。

项目 13　处理事务和锁：主要讲述通过事务和锁来实施数据的完整性。在数据库应用系统中，与数据有关的操作都发生在事务中。事务处理的策略和方法对于数据库应用系统而言至关重要。

项目 14　SQL Server 安全管理：主要从登录名、用户及权限管理等方面讲述数据库维护管理工作的一部分。作为数据库管理员，必须合理配置用户的权限，才能确保数据库系统的安全性。

项目 15　维护数据库：主要讲述数据库备份与恢复的方法和时机。作为数据库管理员，数据库的备份与恢复也是数据库日常管理与维护的工作内容之一。

3. 教学建议

在教学过程中，始终以项目为驱动，以"图书借阅数据库系统"为课堂教学主线，以"学生选课系统"为课后学生实践主线；采用"翻转课堂"的教学思路，学生课前完成"项目准备"和"课前小测"的内容，为课堂学习提供认知基础；师生课上共同完成"项目实施"，层层递进解决问题，完成任务的过程就是学习数据库应用技术的过程；学生课后完成"思考练习"与"课程实训"，通过模仿达到知识的巩固。

4. 致谢

本书的编写参考了本专业的部分资料和文献，在此向原作者表示衷心的感谢！

感谢清华大学出版社为本书的出版给予的帮助！

由于编者水平有限，书中难免存在疏漏之处，敬请读者批评指正。

编　者

2016 年 2 月 30 日

目　　录

项目 1　SQL Server 2012 系统概述

项目目标

（1）理解实例的概念。

（2）了解 SQL Server 2012 各个版本对软、硬件要求，会正确选择安装版本。

（3）会安装或配置 SQL Server 2012。

（4）会使用 SQL Server Management Studio。

（5）会使用 SQL Server 联机丛书。

项目陈述

如何使用 SQL Server 2012 开发"图书借阅数据库系统"呢？首先，需要快速搭建一个能进行实践的学习场景，熟悉 SQL Server Management Studio 的使用。

任务 1.1　安装 SQL Server 2012

任务 1.2　配置 SQL Server 2012 服务器

任务 1.3　体验 SQL Server 管理平台

项目准备

1.1　客户/服务器体系结构

SQL Server 与大部分的数据库管理系统一样，遵循客户/服务器（Client/Server）体系结构，简称 C/S 结构，如图 1-1 所示。从硬件角度看，客户/服务器体系结构是指将某项任务在两台或多台机器之间进行分配，其中，客户机用来运行提供用户接口和前端处理的应用程序，服务器提供客户机使用的各种资源和服务。从软件角度看，客户/服务器体系结构是把某项应用或软件系统按逻辑功能划分为客户软件部分和服务器软件部分。

（1）客户软件部分：一般负责数据的表示和应用，处理用户界面，用以接收用户的数据处理请求并将之转换为对服务器的请求，要求服务器为其提供数据的存储和检索服务。

（2）服务器软件部分：负责接收客户端软件发来的请求并提供相应服务。客户/服务器融合了大型计算机的强大功能和中央控制以及 PC 的低成本和较好的处理平衡。

（3）工作模式：客户与服务器之间采用网络协议（如 TCP/IP、IPX/SPX）进行连接和通信，由客户端向服务器发出请求，服务器端响应请求，并进行相应服务。

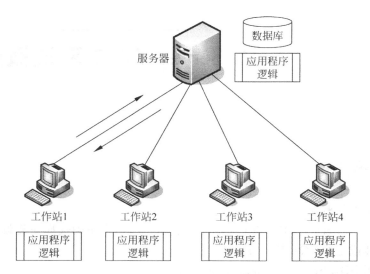

图 1-1　客户/服务器体系结构

客户/服务器体系结构使用户对数据完整性、管理和安全性进行集中控制；同时充分发挥客户端 PC 的处理能力,很多工作就可以在客户端处理后再提交给服务器,缓解了网络交通和主机负荷。

1.2　浏览/服务器体系结构

浏览/服务器(Browser/Server)结构,简称 B/S 结构,如图 1-2 所示。与 C/S 结构不同,其客户端不需要安装专门的软件,只需要浏览器即可。浏览器通过 Web 服务器与数据库进行交互,可以方便地在不同平台下工作;服务器端采用高性能计算机,并安装 Oracle、Sybase 等大型数据库。这种模式统一了客户端,将系统功能实现的核心部分集中在服务器上,简化了系统的开发、维护和使用。B/S 结构是随着 Internet 技术的兴起,对 C/S 技术进行改进而得到的。

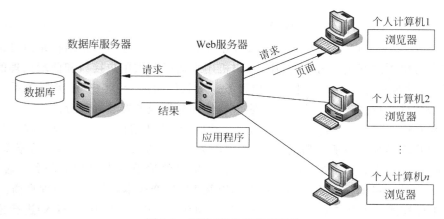

图 1-2　浏览/服务器体系结构

B/S 结构最大的优点就是客户端零安装、零维护,只要有一台能上网的计算机,就能在任何地方进行操作。系统的扩展非常容易。随着 B/S 结构的使用越来越广泛,推动了 AJAX 技术的发展,使得它的程序也能在客户端计算机上进行部分处理,从而极大地减轻了服务器的负担,并增加了交互性,能进行局部实时刷新。

由于 B/S 结构管理软件只安装在服务器端上,用户界面主要事务逻辑在服务器端实现,极少部分事务逻辑在前端实现。因此,应用服务器运行数据负荷较重,对服务器的性能要求更高,一旦发生服务器"崩溃"等问题,后果不堪设想。

1.3　SQL Server 概述

SQL Server 是一个关系数据库管理系统。它最初是由 Microsoft、Sybase 和 Ashton-Tate 三家公司共同开发的,于 1988 年推出了基于 OS/2 操作系统的第一个版本。在 Windows NT 推出后,与 Sybase 在 SQL Server 的开发上就分道扬镳了,Microsoft 将 SQL Server 移植到 Windows NT 系统上,专注于开发推广 SQL Server 的 Windows NT 版本,Sybase 则较专注于 SQL Server 在 UNIX 操作系统上的应用。1995 年,Microsoft 发布了第一个自主开发的 SQL Server 6.0 版。SQL Server 6.0 版的成功使 Microsoft 意识到拥有一个功能强大的数据库产品的重要性,随后陆续不断更新 SQL Server 版本。本书主要以 SQL Server 2012 为例介绍 SQL Server 关系数据库管理系统。

SQL Server 2012 是 SQL Server 的一个重要产品版本,是一个全面的、集成的、端到端的数据解决方案,它能为用户提供安全可靠并且高效的平台用于企业数据的管理和人工智能。SQL Server 2012 数据平台集成了以下 8 个组成部分。

(1) SQL Server Integration Services(SSIS)集成服务:是用于生成企业级数据集成和数据转换解决方案的平台,利用它可以从不同的源提取、转换及合并数据,并将其加载到单个或多个目标。数据库引擎、报表服务、分析服务都是通过 Integration Services 进行联系的。

(2) SQL Server Database Engine 数据库引擎:是用于存储、处理和保护数据的服务。利用数据库引擎,可设置访问权限并快速处理事务。同时,数据库引擎在保持高可用性方面也提供了有力的支持。数据库引擎是数据库系统的核心服务。通常情况下,使用数据库系统实际上就是使用数据库引擎。

(3) SQL Server Reporting Services(SSRS)报表服务:用于生成从各种数据源提取数据的企业报表,发布能以各种格式查看的报表,以及集中管理安全性和订阅。

(4) SQL Server Analysis Services(SSAS)分析服务:为商业智能应用程序提供了联机分析处理(OLAP)和数据挖掘功能。

(5) SQL Server Service Broker 服务代理:用于生成可靠的分布式数据库应用程序的技术,对消息和队列提供了本机支持。服务代理也是数据库引擎的一个组成部分,是围绕发送和接收消息的基本功能来设计的。

(6) SQL Server Service Replication 复制:实现数据库之间的数据和数据库对象的实时复制及分发,以保持数据的一致性。

（7）SQL Server Notification Services 通知服务：生成并发送通知的应用程序的开发和部署平台。

（8）全文搜索：将表中纯字符的数据以词或短语的形式进行全文查询。

1.4 实例的概念

实例是 SQL Server 2000 开始引入的一个概念，实例就是虚拟的 SQL Server 2012 服务器，SQL Server 2012 允许在同一台计算机上安装多个实例。实例主要应用于数据库引擎及其支持组件，而不应用于客户端工具。每个数据库引擎实例各有一套不为其他实例共享的系统及用户数据库。不同的实例以实例名来区分。

SQL Server 实例有默认实例和命名实例两种类型。

（1）默认实例：由运行该实例的计算机名称唯一标识。一台计算机上只能有一个默认实例。

（2）命名实例：由安装该实例的过程中指定的实例名标识，以"计算机名称\实例名"的格式指定。

1.5 SQL Server 管理平台

Management Studio 首次出现于 SQL Server 2005。SQL Server Management Studio（SSMS）是 SQL Server 2012 提供的数据库开发和管理的图形化集成开发环境，它将查询编辑器和服务管理器的各种功能组合到一个集成环境中，用于 SQL Server 的访问、配置、控制、开发和管理等各个方面。

SSMS 不仅能够配置系统环境和管理 SQL Server，所有 SQL Server 对象的建立与管理工作也都可以通过它完成，例如，管理 SQL Server 服务器；创建和管理数据库、数据表、视图、存储过程、触发器等数据库对象；备份和恢复数据库；管理用户账户以及建立 Transact-SQL 命令等。

SSMS 的组件主要包括已注册的服务器、对象资源管理器、解决方案资源管理器、模板资源管理器等。

 课前小测

1. SQL Server 2012 采用的数据模型是（　　）。
　　A. 层次模型　　　　　B. 网状模型　　　　　C. 关系模型　　　　　D. 环状模型

2. 能够实现执行 SQL 语句、分析查询计划、显示查询统计情况和实现索引分析等功能的 SQL 工具是（　　）。
　　A. 企业管理器　　　　B. 查询编辑器　　　　C. 服务管理器　　　　D. 事件探查器

3. 在查询编辑器中执行 SQL 语句的快捷键是（　　）。
　　A. F10　　　　　　　　B. F12　　　　　　　　C. F5　　　　　　　　D. F8

任务 1.1 安装 SQL Server 2012

1. SQL Server 2012 安装环境需求

在安装 SQL Server 2012 之前,需要了解其安装环境的具体要求。不同版本的 SQL Server 2012 对系统的要求略有差异,下面以 SQL Server 2012 Enterprise Edition 为例说明具体安装环境需求,如表 1-1 所示。

表 1-1　SQL Server 2012 Enterprise Edition 安装环境需求

组　　件	要　　求
处理器	处理器类型:Pentium Ⅳ 及其兼容处理器,或更高型号
	处理器速度:最低 1.4GHz,推荐 2.0GHz 或更快
操作系统	Windows Server 2008 Server R2 SP1
内存	最小 1GB,推荐 4GB
硬盘	6GB 可用硬盘空间
软件	.NET Framework 3.5 SP1 或更高版本
	SQL Server Native Client
	SQL Server 安装程序支持文件
	Microsoft Windows Installer 4.5 或更高版本
	Windows PowerShell 2.0

2. SQL Server 2012 安装准备工作

SQL Server 2012 在安装前应做如下准备工作。

(1)确定本机的域名或计算机名。

(2)有足够权限的 Windows 用户名和密码。

(3)已安装 Microsoft Internet Explorer 6.0 SP1 或更高版本,它是 Microsoft 管理控制台(MMC)和 HTML 帮助所必需的。

3. 安装 SQL Server 2012

SQL Server 2012 安装具体步骤如下。

(1)将 SQL Server 2012 安装盘插入光盘驱动器中,双击安装文件夹中的安装文件 setup.exe,进入 SQL Server 2012 的安装中心,如图 1-3 所示。安装中心将 SQL Server 2012 的计划、安装、维护、工具、资源、高级、选项等集成在一起,单击安装中心左侧的"安装"选项。

(2)单击"全新 SQL Server 独立安装或向现有安装添加功能"选项,安装程序将对系统进行常规检测,如图 1-4 所示。

(3)待全部规则检测通过后,单击"确定"按钮进入"产品密钥"窗口,如图 1-5 所示。输入购买的产品密钥。如果是使用体验版本,在下拉列表框中选择 Evaluation 选项,这是 Microsoft 提供的一个 180 天免费 Enterprise Edition,该版本包含所有 Enterprise Edition 的功能,随时可以直接激活为正式版本,然后单击"下一步"按钮。

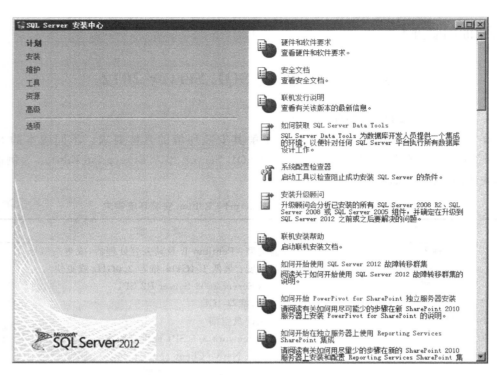

图 1-3 "安装中心"窗口

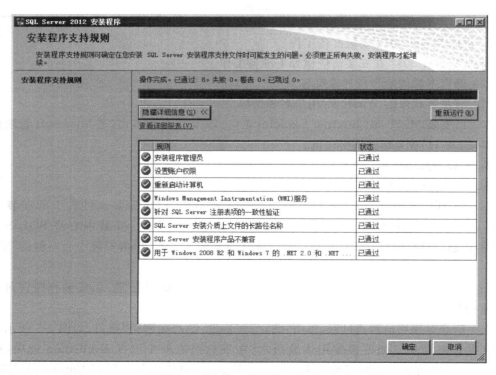

图 1-4 "安装程序支持规则"窗口

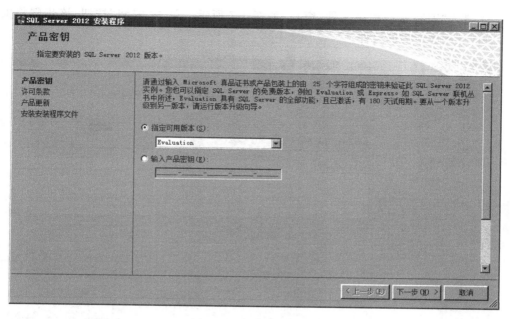

图 1-5 "产品密钥"窗口

（4）进入"许可条款"窗口，如图 1-6 所示。选择"我接受许可条款"复选框，然后单击"下一步"按钮。

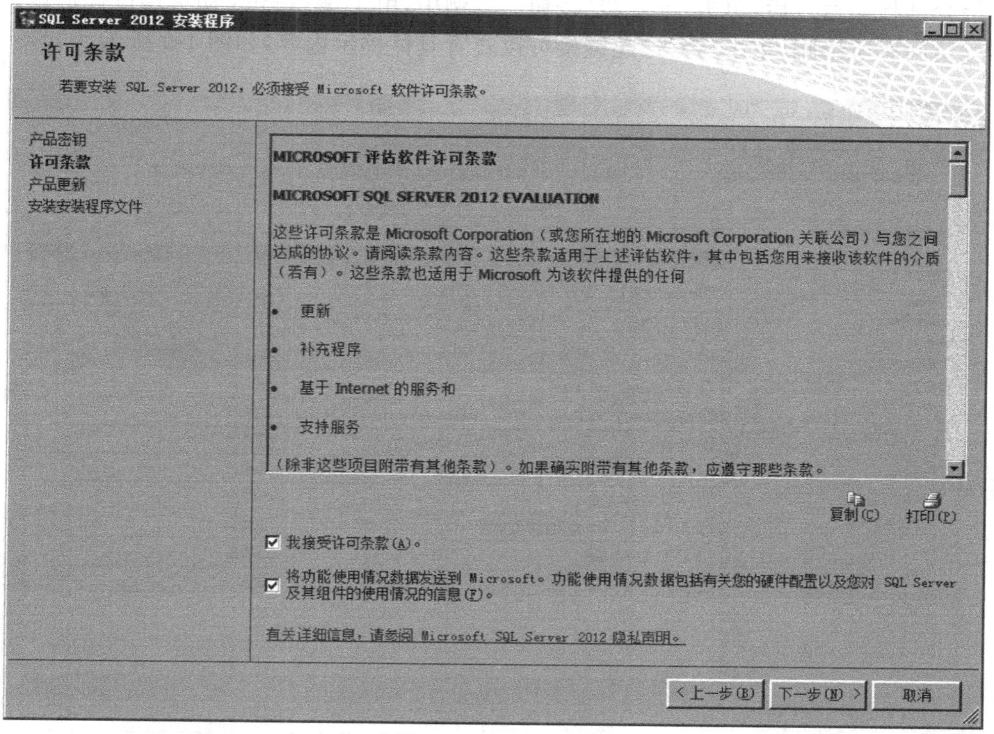

图 1-6 "许可条款"窗口

（5）进入"安装安装程序文件"窗口，如图 1-7 所示。单击"安装"按钮，该步骤将安装 SQL Server 程序所需的组件。

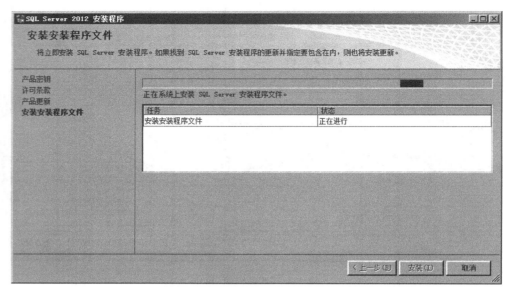

图 1-7　"安装安装程序文件"窗口

（6）安装完安装程序文件后，安装程序将自动进行第二次支持规则的检测，如图 1-8 所示。待全部检测通过后，单击"下一步"按钮。本例中，由于 Windows 防火墙已经启用，可能对远程访问有所影响，单击"警告"超链接可以查看具体提示内容，如图 1-9 所示。

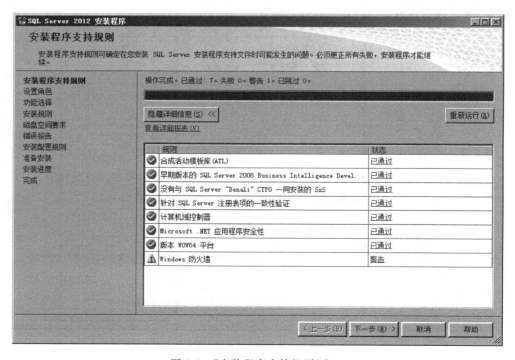

图 1-8　"安装程序支持规则"窗口

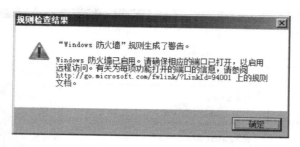

图 1-9　规则检查结果

（7）进入"设置角色"窗口，单击默认的"SQL Server 功能安装"单选按钮，如图 1-10 所示。单击"下一步"按钮。

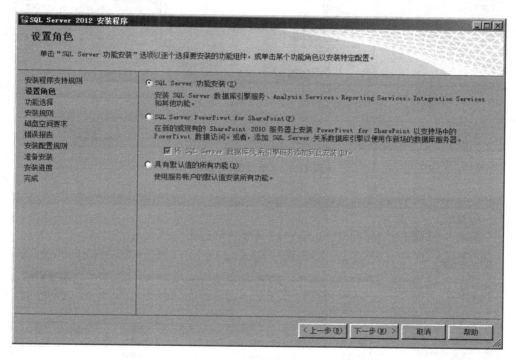

图 1-10　"设置角色"窗口

（8）进入"功能选择"窗口，如图 1-11 所示。如果需要安装某项功能，则选中对应功能前面的复选框；也可以使用下面的"全选"或"全部不选"按钮来选择。然后单击"下一步"按钮。

（9）进入"安装规则"窗口，系统自动检查安装规则信息，如图 1-12 所示。单击"下一步"按钮。

（10）进入"实例配置"窗口，如图 1-13 所示。在安装 SQL Server 的系统中可以配置多个实例，每个实例必须有唯一的名称。选择"默认实例"单选按钮，单击"下一步"按钮。

（11）进入"磁盘空间要求"窗口，如图 1-14 所示。该步骤是对硬件的检测。单击"下一步"按钮。

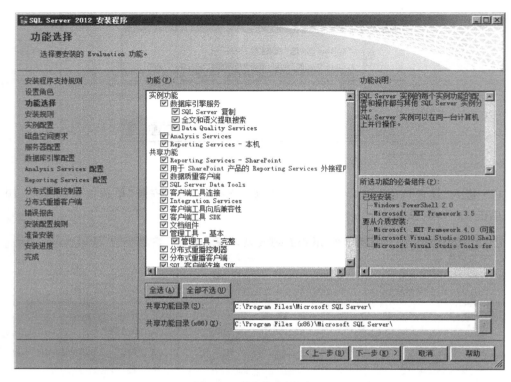

图 1-11 "功能选择"窗口

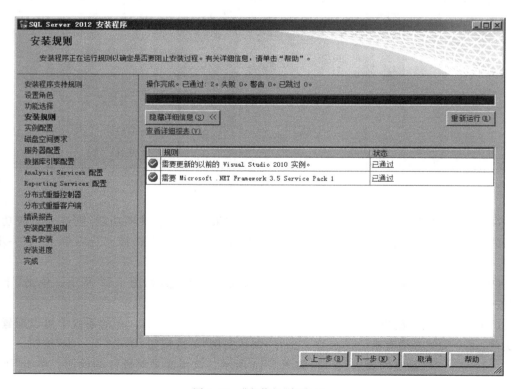

图 1-12 "安装规则"窗口

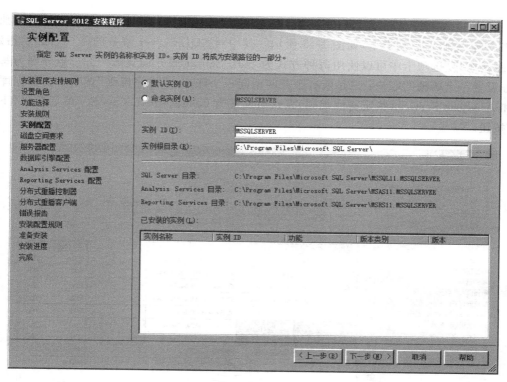

图 1-13　"实例配置"窗口

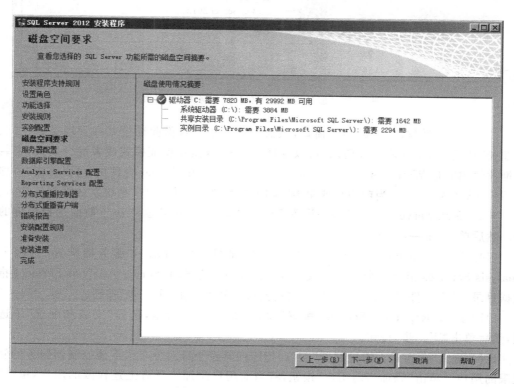

图 1-14　"磁盘空间要求"窗口

SQL Server 2012 系统概述

(12) 进入"服务器配置"窗口,其中"服务账户"选项卡为每个 SQL Server 服务单独配置账户名、密码及启动类型,如图 1-15 所示。其中对 SQL Server 服务的账户名必须指定。在"服务账户"选项卡中可以使用两种方式为 SQL Server 服务设置账户:一是分别为每项服务设置一个单独的账户;二是所有服务使用同一个账户;"排序规则"选项卡为数据库引擎和 Analysis Services 指定排序规则,默认情况下为 Chinese-PRC-CI-AS。然后单击"下一步"按钮。

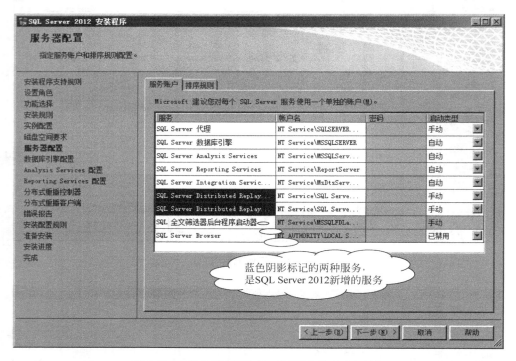

图 1-15 "服务器配置"窗口之"服务账户"选项卡

(13) 进入"数据库引擎配置"窗口,该窗口用于指定身份验证模式和管理员。在"服务器配置"选项卡中,如图 1-16 所示,可以选择 Windows 身份验证模式或者混合模式,安装程序推荐使用的是 Windows 身份验证模式。同时指定 SQL Server 管理员,可以单击"添加当前用户"选择 Windows 当前用户或单击"添加"按钮选择其他用户,系统默认管理员是 sa。

至此,SQL Server 2012 的核心设置已经完成,接下来的步骤取决于前面选择组件的多少。然后单击"下一步"按钮。

(14) 进入"Analysis Services 配置"窗口,如图 1-17 所示。"服务器配置"选项卡为 Analysis Services 指定一个用户。"数据目录"选项卡为 SQL Server Analysis Services 指定数据目录、日志文件目录、Temp 目录和备份目录,然后单击"下一步"按钮。

(15) 进入"Reporting Services 配置"窗口,如图 1-18 所示,选择"安装和配置"单选按钮,然后单击"下一步"按钮。

(16) 进入"分布式重播控制器"窗口,指定向其授予针对分布式重播控制器服务的管理权限的用户。单击"添加当前用户"按钮,将当前用户添加为具有上述权限的用户,单击"下一步"按钮,如图 1-19 所示。

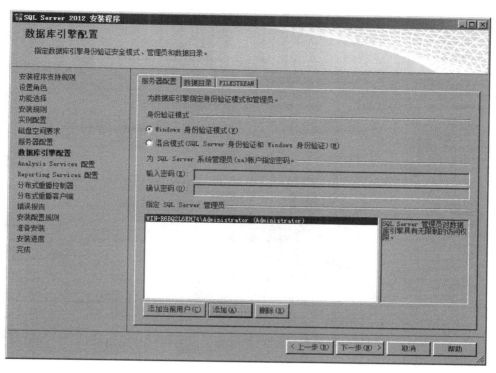

图 1-16 "数据库引擎配置"窗口之"服务器配置"选项卡

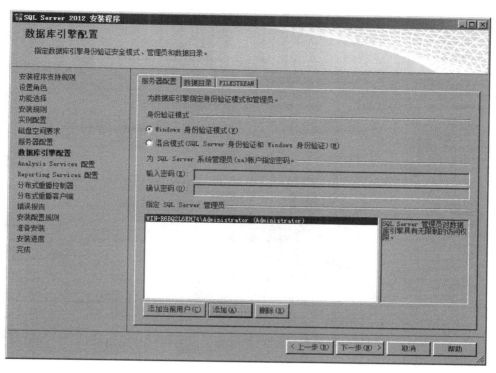

图 1-17 "Analysis Services 配置"窗口

14

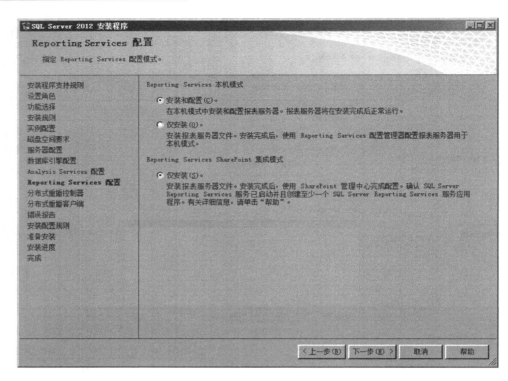

图 1-18 "Reporting Services 配置"窗口

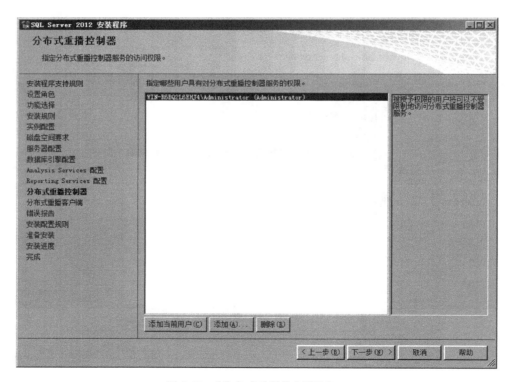

图 1-19 "分布式重播控制器"窗口

（17）进入"分布式重播客户端"窗口，如图 1-20 所示，在"控制器名称"文本框中输入"sqlserver2012"为控制器的名称，然后设置工作目录和结果目录，单击"下一步"按钮。

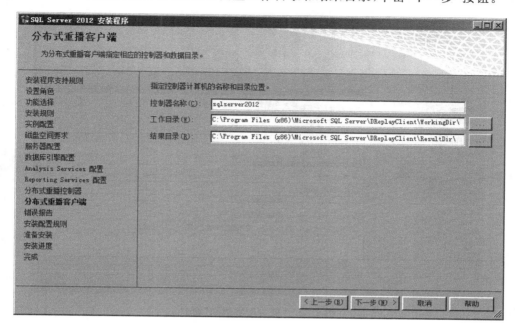

图 1-20 "分布式重播客户端"窗口

（18）进入"错误报告"窗口，如图 1-21 所示，根据具体需要选择，然后单击"下一步"按钮。

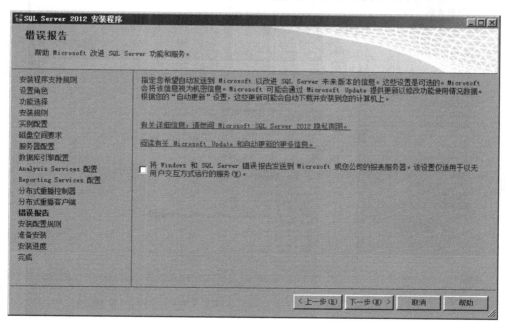

图 1-21 "错误报告"窗口

SQL Server 2012 系统概述

(19) 进入"安装配置规则"窗口,如图 1-22 所示,显示 SQL Server 2012 对规则的最后一次检测。当所有规则检测通过后,单击"下一步"按钮。

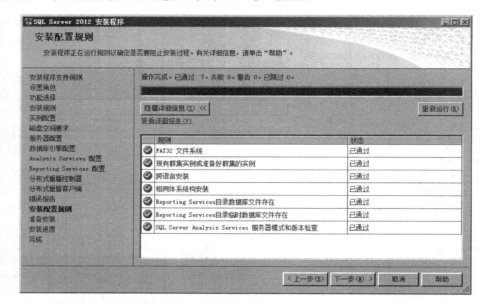

图 1-22 "安装配置规则"窗口

(20) 进入"准备安装"窗口,该窗口描述了将要进行的全部安装过程和安装路径,如图 1-23 所示。确认无误后单击"安装"按钮。

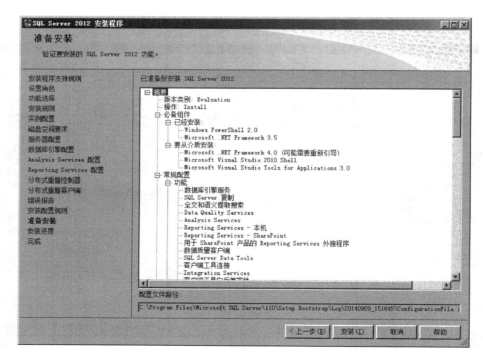

图 1-23 "准备安装"窗口

（21）进入"安装进度"窗口，安装程序会根据用户对组件的选择复制相应的文件到计算机，并显示正在安装功能名称、安装状态，如图1-24所示，完成后单击"下一步"按钮。

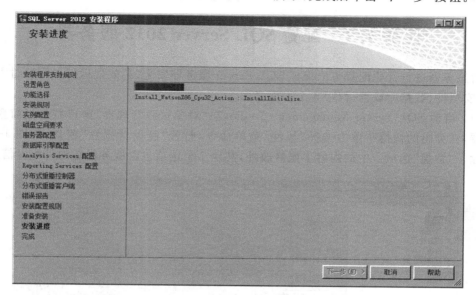

图1-24　"安装进度"窗口

（22）进入"完成"窗口，如图1-25所示，该窗口显示日志文件的位置以及一些补充信息，单击"关闭"按钮结束安装过程。

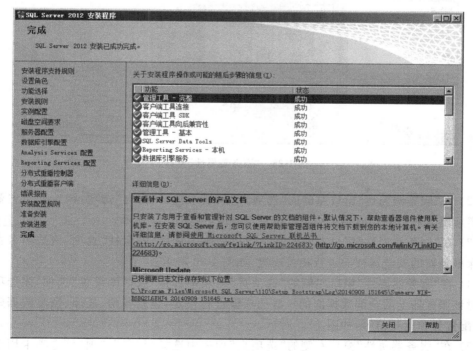

图1-25　"完成"窗口

此时，SQL Server 2012 安装程序已在用户的计算机上成功地部署了一个 SQL Server 2012 实例。

任务 1.2　配置 SQL Server 2012 服务器

对服务器进行优化配置可以保证 SQL Server 服务器安全、高效地运行。配置时主要从内存、安全性、数据库设置、权限 4 个方面考虑。

（1）启动 SQL Server Management Studio，在"对象资源管理器"窗口右击当前登录的服务器，在弹出的快捷菜单中选择"属性"菜单命令，打开"服务器属性"窗口，如图 1-26 所示。除了"常规"选项卡中的内容不能修改外，其他 7 个选项包含服务器端的可配置信息。

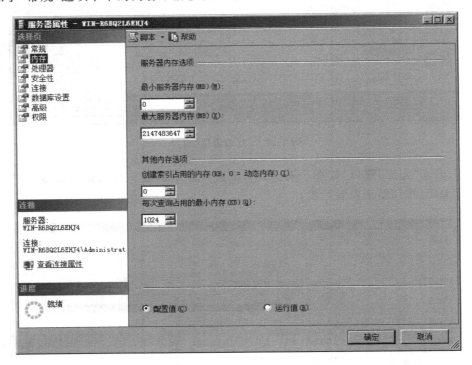

图 1-26　"服务器属性"窗口

（2）在"服务器属性"窗口左侧的"选项页"列表中选择"内存"选项，该选项卡主要用来根据实际要求对服务器内存大小进行配置与更改，如图 1-27 所示。

（3）在"服务器属性"窗口左侧的"选项页"列表中选择"安全性"选项，该选项卡主要用来确保服务器的安全运行而进行相关配置，如图 1-28 所示。

（4）在"服务器属性"窗口左侧的"选项页"列表中选择"数据库设置"选项，该选项卡主要针对该服务器上的全部数据库的一些选项值进行设定，包括备份、还原、恢复数据库默认位置、配置值和运行值等，如图 1-29 所示。

（5）在"服务器属性"窗口左侧的"选项页"列表中选择"权限"选项，该选项卡用于授予或撤销账户对服务器的操作权限，如图 1-30 所示。

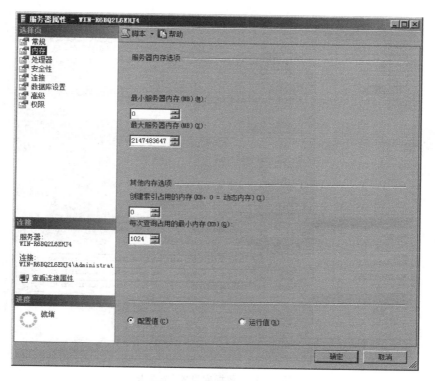

图 1-27 "内存"选项卡

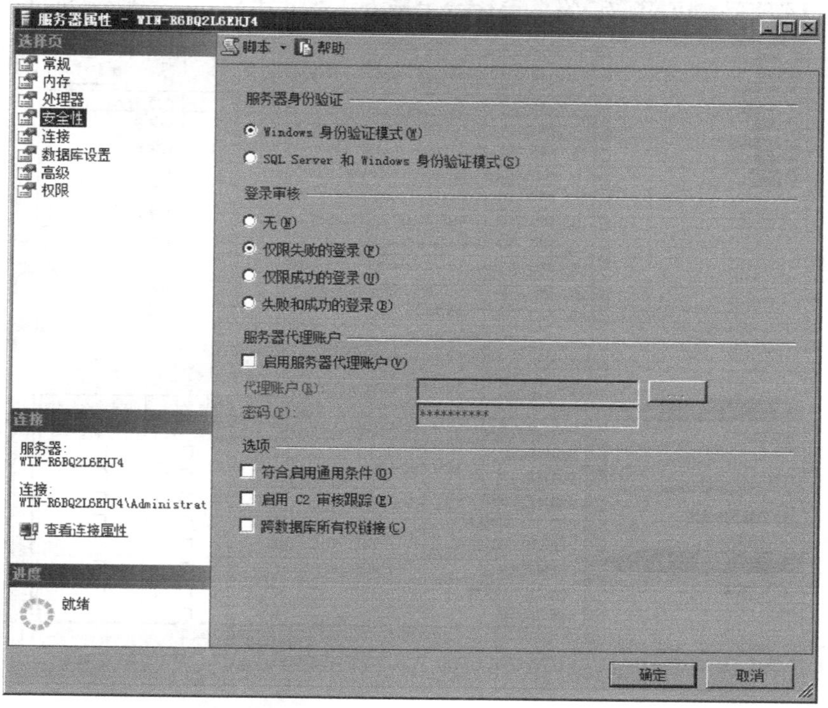

图 1-28 "安全性"选项卡

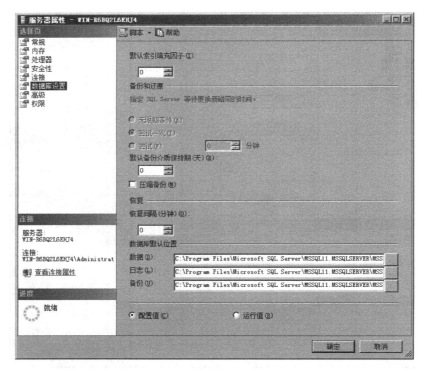

图 1-29　"数据库设置"选项卡

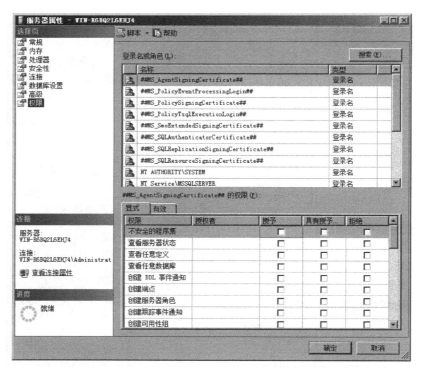

图 1-30　"权限"选项卡

任务 1.3 体验 SQL Server 管理平台

安装完成后,选择"开始"→"程序"→Microsoft SQL Server 2012 菜单命令,展开后可以看到 SQL Server 2012 的客户端管理工具,如图 1-31 所示。下面介绍 SQL Server 管理平台 (SQL Server Management Studio,SSMS),其他客户端管理工具的使用,请参阅 SQL Server 联机丛书。

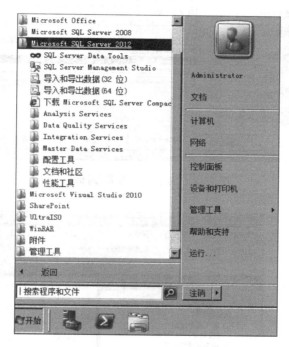

图 1-31 SQL Server 2012 的客户端工具

SQL Server 安装到系统之后,将作为一个服务由操作系统监控,而 SSMS 是作为一个单独的进程运行的,用于访问、配置、管理和开发 SQL Server 的所有组件。SSMS 中主要有两个工具:图形化的管理工具(对象资源管理器)和 Transact-SQL 编辑器(查询编辑器),此外,还有"解决方案资源管理器"、"模板资源管理器"、"属性"等窗口。启动和连接 SSMS 的具体步骤如下。

(1)单击"开始"按钮,选择"所有程序"→Microsoft SQL Server 2012→SQL Server Management Studio 菜单命令,弹出图 1-32 所示的"连接到服务器"对话框。

(2)在"服务器类型"下拉列表中选择"数据库引擎"选项;在"服务器名称"组合框中输入或选择已安装的数据库服务器引擎;在"身份验证"下拉列表中选择"Windows 身份验证"选项。

(3)单击"连接"按钮,打开 SQL Server Management Studio 窗口,如图 1-33 所示。在 SQL Server Management Studio 窗口中集成了很多组件,通过"视图"菜单即可调出相应的窗格。根据实际需要,可以关闭、隐藏和移动这些组件窗格。其中,对象资源管理器是服务器中所有数据库对象的树状视图,包括与其连接的所有服务器的信息,用于查找、修改、编写脚本或运行从属于 SQL Server 实例的对象。SQL Server Management Studio 窗口还集成了用于编写 Transact-SQL 的查询编辑器。

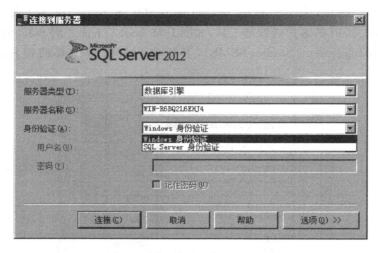

图 1-32 "连接到服务器"对话框

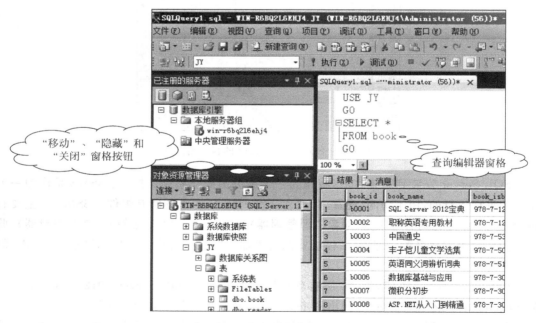

图 1-33 SQL Server Management Studio 窗口

项目小结

(1) 客户/服务器体系结构和浏览/服务器体系结构。

(2) 实例的概念。

（3）SQL Server 2012 各个版本对软、硬件要求，能正确选择安装版本。

（4）SQL Server 2012 Enterprise Edition 的安装步骤，以及在每个步骤中如何选择参数和选项。

（5）SQL Server 2012 服务器的配置。

（6）SQL Server Management Studio 的使用方法。

课程实训

（1）从微软的网站上下载 SQL Server 2012 Enterprise Edition 进行安装，并测试是否安装成功。

（2）熟悉 SQL Server Management Studio 的使用。

（3）熟悉 SQL Server 联机丛书的使用（请自行上网查找如何获取 SQL Server 的联机丛书）。

思考练习

（1）如何启动 SQL Server Management Studio？

（2）如何启动命名实例？

项目 2　创建数据库

 项目目标

（1）了解数据库组成，了解系统数据库。
（2）理解数据库文件、文件组的种类和作用。
（3）掌握在管理数据库时常用的系统存储过程。
（4）会创建数据库。
（5）会管理数据库，包括修改数据库设置、重命名和删除数据库。
（6）会分离和附加数据库。

 项目陈述

完成"图书借阅数据库系统"的设计后，就进入"图书借阅数据库系统"的实施阶段。首先，在 SQL Server 2012 环境中创建图书借阅数据库 JY；接着，把在自己的计算机上设计完成的图书借阅数据库附加到数据库服务器上。

任务 2.1　创建图书借阅数据库 JY
任务 2.2　修改图书借阅数据库 JY 的设置
任务 2.3　重命名和删除图书借阅数据库 JY
任务 2.4　分离和附加图书借阅数据库 JY

 项目准备

2.1　数据库组成

在 SQL Server 2012 中，数据库是表、视图、存储过程、触发器等数据库对象的集合，是数据库管理系统的核心内容。数据库的存储结构分为逻辑存储结构和物理存储结构。

2.1.1　数据库的逻辑存储结构：数据库对象

SQL Server 数据库的数据分别存储在不同的对象中，常用的数据库对象包括表（Table）、索引（Index）、视图（View）、触发器（Trigger）、存储过程（Store Procedure）、约束（Constraint）和用户（User）等，如图 2-1 所示。

2.1.2 数据库的物理存储结构：数据库文件

SQL Server 数据库在磁盘上是以文件形式存储的，根据这些文件的作用不同，可分为数据库文件和事务日志文件。一个数据库至少要包含一个数据库文件和一个事务日志文件。

数据库文件用于存放数据库的所有数据和其他附属数据对象。数据库文件分为主数据文件和次数据文件。主数据文件用来存储数据库的启动信息和部分或全部数据。一个数据库有且只能有一个主数据文件，其扩展名为 mdf。次数据文件包含除主数据文件外的所有数据库文件，其扩展名为 ndf。如果主数据文件足够大，能够容纳数据库中的所有数据时，数据库不一定需要次数据文件。

主数据文件和次数据文件的使用对用户来说是没有区别的，而且系统会选用最高效的方法来使用这些数据文件。

事务日志文件用来记录在数据库中发生的所有修改和导致这些修改的事务，保存所有可用来恢复数据库的事务信息，其扩展名为 ldf。每个数据库至少有一个事务日志文件。事务日志文件最小为 512KB，理想容量为数据库大小的 25%～40%。

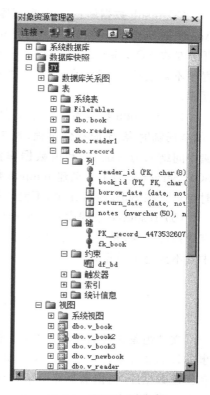

图 2-1　数据库的组成

2.2　系统数据库

从数据库应用和管理的角度看，SQL Server 数据库分为系统数据库和用户数据库两大类。系统数据库由 SQL Server 数据库管理系统自动维护，这些数据库用于存放维护系统正常运行的信息。安装 SQL Server 时会自动安装 master、msdb、model、tempdb 和 resource 这 5 个数据库。

（1）master 数据库：master 数据库是整个数据库服务器的核心。该数据库记录所有 SQL Server 实例的所有系统级别的信息，包括所有用户的登录信息、所有系统的配置设置、服务器中本地数据库的信息、SQL Server 初始化方式等信息。master 数据库一旦损坏，SQL Server 数据库引擎将无法启动。因此，用户不能修改该数据库。数据库管理员应定期备份该数据库。在 SQL Server 中，系统对象并不是存储在 master 数据库中。

（2）model 数据库：model 数据库用于创建所有用户数据库的模板。用户创建一个数据库，系统会自动将 model 库中的全部内容复制到新建数据库中。例如，如果希望所有的用户数据库都有某个数据库对象，可以在 model 数据库中建立这个数据库对象，而在此后创建的所有用户数据库中均自动包含这个数据库对象。因此，用户对该数据库的任何修改都将影响到所有利用模板创建的数据库。

（3）msdb 数据库：msdb 数据库提供运行 SQL Server Agent 工作的信息。SQL Server Agent 是 SQL Server 中的一个 Windows 服务，该服务用来运行制定好的计划任务。计划任务是在 SQL Server 中定义的一个程序，用来记录有关作业、警报和备份历史的信息，该程序不需要干预即可自动开始执行。用户在使用 SQL Server 时也不要直接修改该数据库。

（4）tempdb 数据库：tempdb 是一个临时性的数据库，用于存储创建的临时用户对象（如全局临时表、临时存储过程、表变量）、SQL Server 2012 系统创建的内部对象（如用于存储中间结果的系统表）和由数据库修改事务提交的行记录。在每次启动 SQL Server 时，SQL Server 都会重新创建 tempdb 数据库；在断开所有连接时，SQL Server 会自动删除临时信息。在 SQL Server 中，不允许用户对 tempdb 进行备份和还原操作。

（5）resource 数据库：resource 数据库是一个很特殊的数据库，包含 SQL Server 中所有的系统对象，是一个只读数据库。在 SQL Server Management Studio 的对象资源管理器中看不到这个数据库。

2.3　文　件　组

文件组是文件的逻辑集合，用来对文件进行分组。SQL Server 文件组类似于文件夹。事务日志文件不存在于任一文件组。SQL Server 文件组分为主文件组和用户定义文件组。在创建数据库时，由数据库引擎自动创建一个名称为 PRIMARY 的主文件组。主数据文件和没有明确指定文件组的次数据文件都被指派到 PRIMARY 文件组中。用户定义文件组通常只在大型数据库应用系统中使用，由用户根据需要来创建，通过在不同磁盘上创建文件组的方法来提高查询效率。

2.4　系统存储过程

系统存储过程是由 SQL Server 2012 系统自身提供，可以作为命令执行各种操作，主要用来从系统表里获取信息，或者完成与更新数据库相关的管理工作，或者其他的系统管理工作。系统存储过程存放在 master 系统数据库中，且以 sp_开头。管理数据库常用的系统存储过程有以下几个。

（1）系统存储过程 sp_helpdb：查看数据库的拥有者、数据库容量、创建日期及状态等数据库的基本信息。

（2）系统存储过程 sp_helpfilegroup：查看数据库中文件组信息。

（3）系统存储过程 sp_rename：重命名数据库。

2.5　标　识　符

标识符是 SQL Server 中所有对象，诸如表、视图、列、存储过程、触发器、数据库和服务器等的名称。对象标识符在定义对象时创建，随后用于引用该对象。

标识符格式规则如下。

（1）第一个字符必须是下列字符之一：英文字母 a～z 和 A～Z,或者其他语言的字符（例如，汉字）、_、#、@。

（2）后续字符可以是英文字母 a～z 和 A～Z,或者其他语言的字符（例如汉字）、_、#、@、$、十进制数字 0～9。

（3）不能使用 Transact-SQL 保留关键字。

（4）不允许嵌入空格或其他特殊字符。

（5）不符合标识符格式规则的标识符都必须使用双引号""或方括号［ ］作为界定符进行位置限定。

（6）标识符的长度不能超过 128。

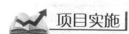 **课前小测**

1. 默认情况下,安装 SQL Server 2012 后,系统就自动建立了（   ）个数据库。
   A. 2　　　　　　　　B. 3　　　　　　　　C. 4　　　　　　　　D. 5

2. 在物理层面,SQL Server 数据库是由数据库文件和事务日志文件两个操作系统文件组成的,它们的后缀分别是（   ）。
   A. MDF 和 LDF　　　　　　　　　　B. LDF 和 MDF
   C. DAT 和 LOG　　　　　　　　　　D. LOG 和 DAT

3. 安装 SQL Server 时,系统自动建立几个数据库,其中有一个数据库记录了 SQL Server 系统的所有系统信息,这个数据库是（   ）。
   A. master 数据库　　B. model 数据库　　C. tempdb 数据库　　D. pubs 数据库

4. 下面不可以作为数据库名的是（   ）。
   A. @163　　　　　　B. 9_　　　　　　C. 我的太阳　　　　D. #$

项目实施

在 SQL Server 2012 中,可以在 SQL Server Management Studio 中完成对数据库的操作,也可以在"查询编辑器"中使用 Transact-SQL 语句完成对数据库的操作。一般来说,在本地客户端使用 SQL Server Management Studio 操作会比较方便,在服务器端使用 Transact-SQL 操作会比较迅速。

任务 2.1　创建图书借阅数据库 JY

如上所述,数据库在操作系统中表现为文件的形式,因此,我们所说的"创建数据库"实际上就是为数据库创建数据库文件和事务日志文件,以及对这两个文件的一些属性进行设置。

创建数据库包括设置数据库名称、数据库大小、数据存储方式、数据库存储路径、包含数据存储信息的数据库文件名称等。

1. 使用 SQL Server Management Studio 创建图书借阅数据库 JY

在 SQL Server Management Studio 中创建数据库的步骤如下。

（1）启动 SQL Server Management Studio，连接到本地默认实例，在"对象资源管理器"窗口中右击"数据库"选项，在弹出的快捷菜单中选择"新建数据库"命令。

（2）弹出"新建数据库"窗口，选择该窗口左侧"选项页"中的"常规"选项卡，如图 2-2 所示，确定数据库的创建参数如下。

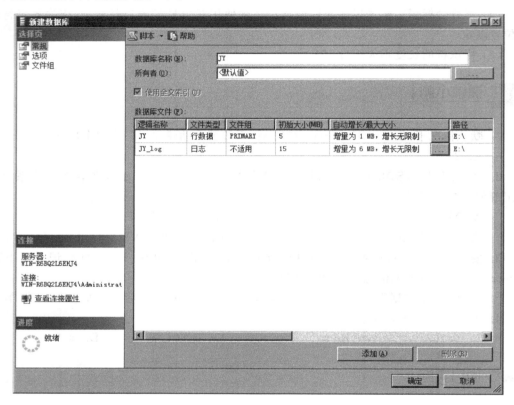

图 2-2　"新建数据库"窗口

①"数据库名称"文本框：输入数据库名称 JY。系统默认的主数据文件名为 JY.mdf，事务日志文件名为 JY_log.ldf。

②"所有者"文本框：指定任何一个拥有创建数据库权限的账户。此处为默认账户，即当前登录到 SQL Server 的账户。

③"数据库文件"列表框：

- "逻辑名称"：引用数据库文件时使用的文件名称。输入数据库名称时，此处自动输入文件名。
- "文件类型"："行数据"表示这是一个数据库文件，"日志"表示这是一个事务日志文件。
- "文件组"：选择数据库文件所属的文件组。
- "初始大小"：设置文件的初始大小。本例中设置 JY 文件的初始大小为 5MB，设置

JY_log 文件的初始大小为 15MB。

- "自动增长"：单击选项右侧的 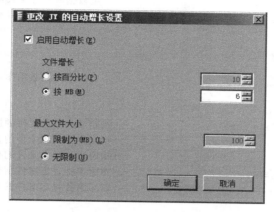 按钮，在弹出的"更改 JY 的自动增长设置"对话框中进行文件增长方式的设置，如图 2-3 所示。

图 2-3 "更改 JY 的自动增长设置"对话框

以同样的方式设置事务日志文件 JY_log 的"自动增长"选项。

- "路径"：设置文件的存放位置。单击选项右侧的 按钮，在弹出的"定位文件夹"窗口中设置 JY 文件的保存位置，如图 2-4 所示。在默认情况下，数据库的数据文件和事务日志文件都保存在同一个目录下，但这并不是一个最佳的方案。为了提高存储速度，建议将数据文件和事务日志文件保存在不同的驱动器上。

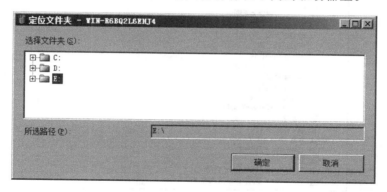

图 2-4 "定位文件夹"窗口

（3）设置好数据库的创建参数，单击"确定"按钮，完成图书信息查询数据库 JY 的创建。在对象资源管理器的"数据库"选项下可以看到新创建的数据库，如图 2-5 所示。

2. 使用 CREATE DATABASE 语句创建图书借阅数据库 JY

使用 CREATE DATABASE 语句创建数据库的基本语法格式如下。

```
CREATE DATABASE database_name          -- 指定创建的数据库名称
[ON                                    -- 指定用来存储数据的数据库文件
{[PRIMARY]                             -- 指定是主文件组中的文件
(
```

```
        NAME = logical_file_name,              -- 指定数据库文件的逻辑名称
        FILENAME = 'os_file_name',             -- 指定数据库文件的存储位置
        [,SIZE = size]                         -- 指定数据库文件的初始大小
        [,MAXSIZE = max_size]                  -- 指定数据库文件增长可以达到的最大容量
        [,FILEGROWTH = growth_increment]       -- 指定数据库文件的自动增量
    )
}[,...n]
]
[LOG ON                                        -- 指定用来存储数据库日志的事务日志文件
{
(
        NAME = logical_file_name,              -- 指定事务日志文件的逻辑名称
        FILENAME = 'os_file_name',             -- 指定事务日志文件的存储位置
        [,SIZE = size]                         -- 指定事务日志文件的初始大小
        [,MAXSIZE = max_size]                  -- 指定事务日志文件增长可以达到的最大容量
        [,FILEGROWTH = growth_increment]       -- 指定事务日志文件的自动增量
    )
}[,...n]
]
```

图 2-5　新建 JY 数据库

（1）启动 SQL Server Management Studio，连接到本地默认实例，单击"新建查询"按钮，在"查询编辑器"窗口中输入创建数据库的 SQL 语句如下。

```
USE master
GO
CREATE DATABASE JY
ON
PRIMARY
(
```

```
        NAME = JY,
        FILENAME = 'd:\JY.mdf',
        SIZE = 5MB,
        MAXSIZE = 40MB,
        FILEGROWTH = 1MB
)
LOG ON
(
        NAME = JY_log,
        FILENAME = 'd:\JY.ldf',
        SIZE = 15MB,
        MAXSIZE = 60MB,
        FILEGROWTH = 6MB
)
GO
```

（2）单击"执行"命令，即可成功创建 JY 数据库，如图 2-6 所示。由于创建数据库后，"对象资源管理器"不会自动刷新，所以必须手动刷新，才能看到已经创建好的数据库。

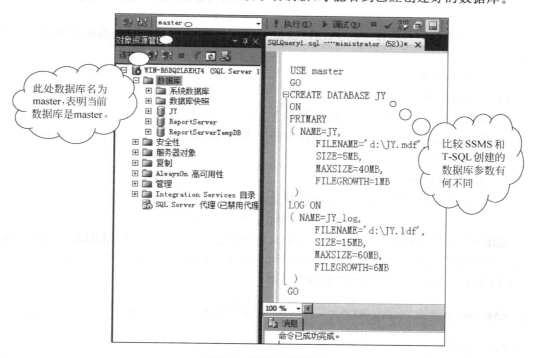

图 2-6 新建 JY 数据库

3. 使用系统存储过程查看图书借阅数据库 JY

可以使用系统存储过程 sp_helpdb 查看数据库的基本信息，如图 2-7 所示。如果系统存储过程 sp_helpdb 后面不带具体的数据库名称，则是查看服务器上的所有数据库信息。

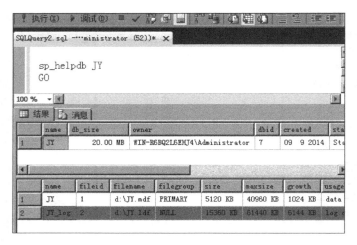

图 2-7 JY 数据库信息

任务 2.2 修改图书借阅数据库 JY 的设置

建立了图书借阅数据库 JY 后,还可以根据实际情况对图书借阅数据库设置进行如下修改。

(1) 在数据库中添加文件组。

(2) 扩充数据库的容量。

① 给数据库新增次数据文件或事务日志文件。

② 修改现有的数据文件或事务日志文件的容量(修改后的容量必须大于当前容量)。

(3) 缩减数据库的容量。

① 删除数据文件或事务日志文件。

② 缩减数据文件或事务日志文件的容量。

③ 使用 SQL Server Management Studio 自动收缩数据库的容量。

使用 ALTER DATABASE 修改数据库设置的语法格式如下,虽然 ALTER DATABASE 语句的结构看上去很复杂,但在实际操作中,ALTER DATABASE 一次只能修改一种参数,所以无须因为过多的代码而产生恐惧心理。

```
ALTER DATABASE database_name                 --指定修改的数据库名称
{
MODIFY NAME = new_database_name              --重命名数据库
  --新增数据文件,并存放在指定的文件组
| ADD FILE < filespec > [ , …n ] [ TO FILEGROUP filegroup_name ]
| ADD LOG FILE < filespec > [ , …n ]         --新增事务日志文件
| REMOVE FILE logical_file_name              --删除指定的文件
| ADD FILEGROUP filegroup_name               --新增文件组
| REMOVE FILEGROUP filegroup_name            --删除文件组
  --指定要修改的文件,一次只能修改一个< filespec >属性
| MODIFY FILE < filespec >
```

```
}
-- < filespec >语法块的内容
< filespec > :: =
(
NAME = logical_file_name
[ , NEWNAME = new_logical_name ]
[ , FILENAME = ' os_file_name ' ]
[ , SIZE = size [ KB | MB | GB | TB ] ]
[ , MAXSIZE = { max_size [ KB | MB | GB | TB ] | UNLIMITED } ]
[ , FILEGROWTH = growth_increament [ KB | MB | GB | TB | % ] ]
)
```

1. 使用 SQL Server Management Studio 修改图书借阅数据库 JY 的设置

通过 SQL Server Management Studio "对象资源管理器" 对数据库的属性进行修改,来更改创建数据库时的某些设置或创建数据库时无法设置的属性。

启动 SQL Server Management Studio,连接到本地默认实例,在 "对象资源管理器" 窗口中右击需要修改信息的 JY 数据库,在弹出的快捷菜单中选择 "属性" 菜单命令,打开 "数据库属性" 窗口。可以根据实际需要,分别对不同的选项卡中内容进行设置。

(1) "常规" 选项页:显示了数据库的基本信息,如图 2-8 所示。

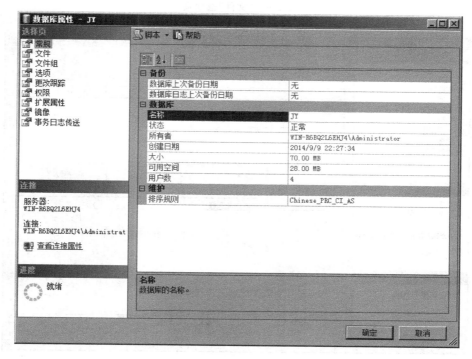

图 2-8 "常规" 选项页

(2) "文件" 选项页:可以修改和新增数据库的数据文件和事务日志文件,如图 2-9 所示。

(3) "文件组" 选项页:可以指定默认文件组、添加新文件组、修改现有文件组和删除文件组,如图 2-10 所示。

创建数据库

图 2-9 "文件"选项页

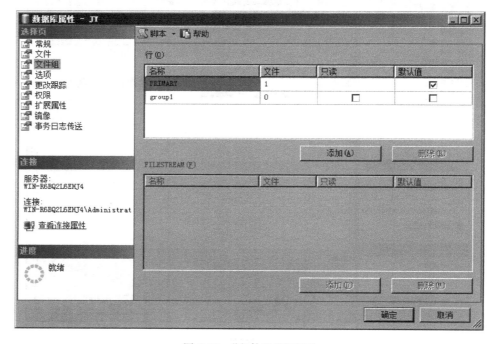

图 2-10 "文件组"选项页

（4）"选项"选项页：设置和修改数据库的排序规则以及限制用户的访问，如图 2-11 所示。

（5）"权限"选项页：设置用户及角色对数据库的使用权限，如图 2-12 所示。

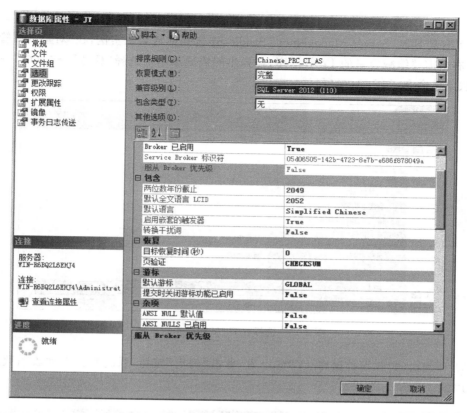

图 2-11 "选项"选项页

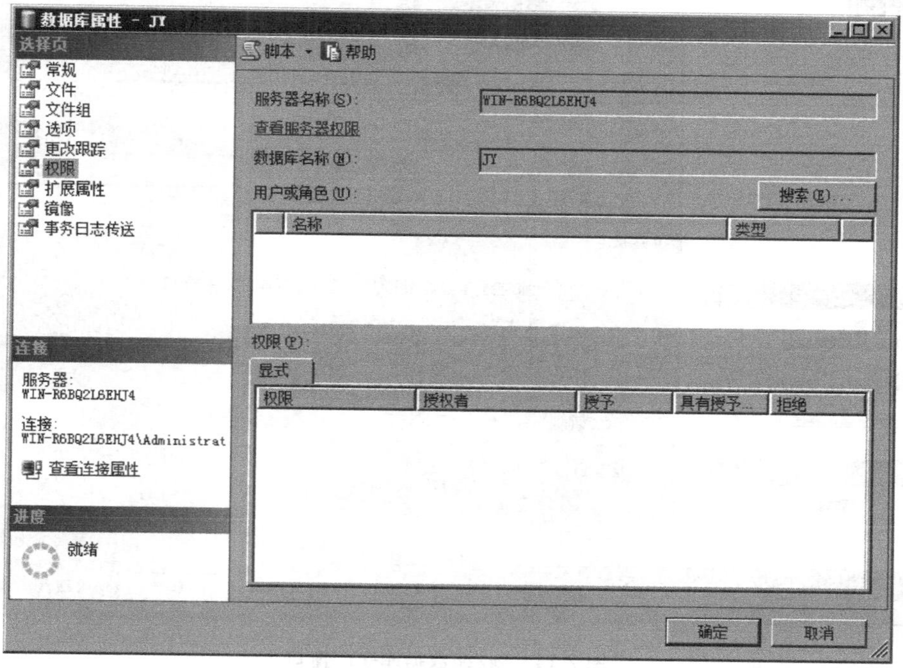

图 2-12 "权限"选项页

创建数据库

2. 使用 SQL Server Management Studio 缩减图书借阅数据库 JY 的容量

（1）启动 SQL Server Management Studio，连接到本地默认实例，在"对象资源管理器"窗口中右击需要缩减容量的 JY 数据库，在弹出的快捷菜单中选择"任务"→"收缩"→"数据库"级联菜单命令，如图 2-13 所示。

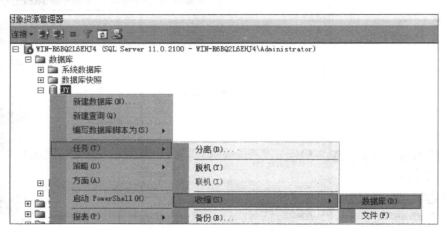

图 2-13　选择收缩 JY 数据库的命令

（2）在弹出的"收缩数据库-JY"窗口中，单击"确定"按钮，系统将会自动收缩数据库到合适的大小，如图 2-14 所示。

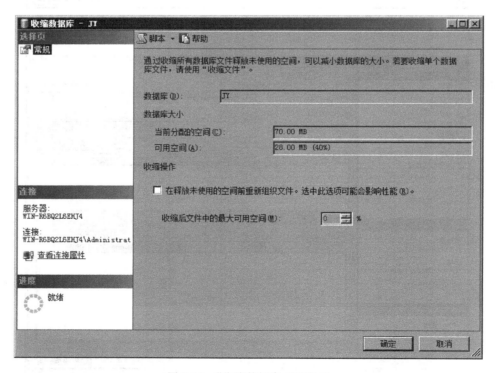

图 2-14　"收缩数据库-JY"窗口

3. 使用 ALTER DATABASE 语句修改图书借阅数据库 JY 的设置

1）在数据库中添加文件组

（1）启动 SQL Server Management Studio，连接到本地默认实例，在"查询编辑器"窗口中输入新增名为 group1 文件组的 ADD FILEGROUP 语句，如下。

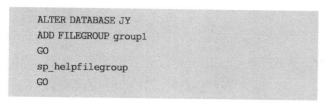

（2）选择"执行"命令，即可成功创建该文件组，然后执行系统存储过程 sp_helpfilegroup 查看数据库中文件组信息，如图 2-15 所示。

2）扩充数据库的容量——修改数据文件和事务日志文件容量

（1）启动 SQL Server Management Studio，连接到本地默认实例，在"查询编辑器"窗口中输入修改现有的数据文件和事务日志文件容量的 MODIFY FILE 语句，如下。

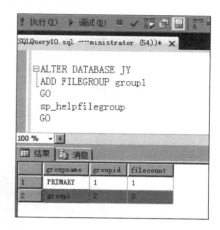

图 2-15　新增数据库文件组的显示结果

```
ALTER DATABASE JY
MODIFY FILE
(
    NAME = JY,
    SIZE = 30MB
)
GO
ALTER DATABASE JY
MODIFY FILE
(
    NAME = JY_log,
    SIZE = 40MB
)
GO
sp_helpdb JY
GO
```

（2）选择"执行"命令，即可成功扩充数据库容量。然后执行系统存储过程 sp_helpdb JY 语句查看数据库 JY 扩容后的信息，如图 2-16 所示。

3）扩充数据库的容量——新增次数据文件和事务日志文件

（1）启动 SQL Server Management Studio，连接到本地默认实例，在"查询编辑器"窗口中输入新增次数据文件和事务日志文件的 ADD FILE 语句，如下。

图 2-16　修改数据文件和事务日志文件容量的显示结果

```
--新增一个次数据文件
ALTER DATABASE JY
ADD FILE
(
    NAME = 'JY_data1',
    FILENAME = 'd:\JY_data1.ndf',
    SIZE = 5MB,
    MAXSIZE = 20MB,
    FILEGROWTH = 3MB
)
GO
--新增一个事务日志文件
ALTER DATABASE JY
ADD LOG FILE
(
    NAME = 'JY_log1',
    FILENAME = 'd:\JY_log1.ldf',
    SIZE = 5MB,
    MAXSIZE = 20MB,
    FILEGROWTH = 3MB
)
GO
sp_helpdb JY
GO
```

（2）选择"执行"命令，也可成功增加数据库的容量。执行系统存储过程 sp_helpdb JY 语句查看数据库 JY 扩容后的信息，如图 2-17 所示。

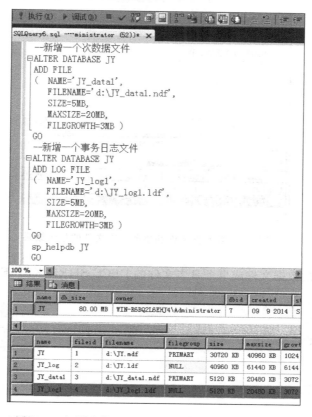

图 2-17　新增次数据文件和事务日志文件的显示结果

4）缩减数据库的容量——删除数据文件或事务日志文件

（1）启动 SQL Server Management Studio，连接到本地默认实例，在"查询编辑器"窗口中输入删除指定的数据文件或事务日志文件的 REMOVE FILE 语句，如下。

```
ALTER DATABASE JY
REMOVE FILE JY_data1
GO
ALTER DATABASE JY
REMOVE FILE JY_log1
GO
sp_helpdb JY
GO
```

（2）选择"执行"命令，即可缩减数据库容量。执行系统存储过程 sp_helpdb JY 语句查看数据库 JY 减容后的信息，如图 2-18 所示。

5）缩减数据库容量——缩减数据文件或事务日志文件的容量

（1）启动 SQL Server Management Studio，连接到本地默认实例，在"查询编辑器"窗口

图 2-18 删除数据文件和事务日志文件的显示结果

中输入收缩数据库的数据文件或事务日志文件的 DBCC SHRINKFILE 语句，如下。

```
USE JY
GO
DBCC SHRINKFILE(JY,5)
GO
sp_helpdb JY
GO
```

（2）选择"执行"命令，即可缩减数据库的容量。执行系统存储过程 sp_helpdb JY 语句即可查看数据库 JY 的信息，如图 2-19 所示。

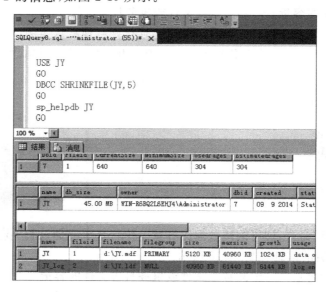

图 2-19 使用 DBCC SHRINKFILE 语句缩减数据库容量的显示结果

任务2.3　重命名和删除图书借阅数据库JY

1. 重命名图书借阅数据库JY

重命名数据库有以下的要求。

（1）只有数据库管理员可以重命名数据库；

（2）在重命名数据库之前，应该确认其他用户已断开与数据库的连接；

（3）将数据库的选项修改为单用户模式。

重命名数据库的步骤如下。

（1）将数据库的状态修改为单用户模式。

启动SQL Server Management Studio，连接到本地默认实例，在"对象资源管理器"窗口中依次展开"数据库"→JY选项，右击JY选项，在弹出的快捷菜单中选择"属性"命令，弹出"数据库属性-JY"窗口，选择"选项"选项页，将数据库的状态修改为单用户模式，如图2-20所示。

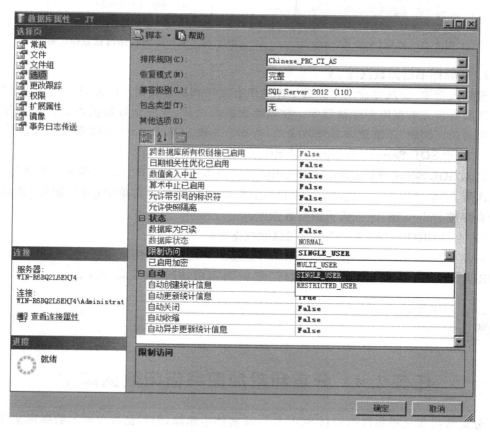

图2-20　"选项"选项页

（2）启动SQL Server Management Studio，连接到本地默认实例，在"对象资源管理器"窗口中依次展开"数据库"→JY选项，右击要重命名的JY选项，在弹出的快捷菜单中选择

"重命名"菜单命令,输入新的数据库名称,按 Enter 键即可重命名数据库,如图 2-21 所示。

(3)也可以在"查询编辑器"窗口中使用系统存储过程 sp_rename 重命名数据库,如图 2-22 所示。

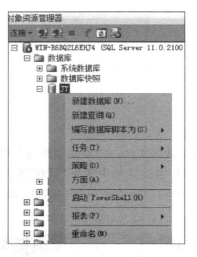

图 2-21　选择"重命名"命令

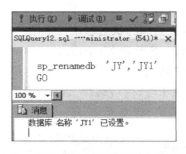

图 2-22　利用系统存储过程重命名数据库

2. 删除图书借阅数据库 JY

删除数据库,会从磁盘中删除数据库的所有文件和所有数据。因此,只有系统管理员和数据库所有者才有权限删除数据库。在删除数据库之前,应先做好数据库文件和事务日志文件的备份。同时,不能删除系统数据库,否则会导致 SQL Server 2012 服务器无法使用。

1) 使用 SQL Server Management Studio 删除数据库

启动 SQL Server Management Studio,连接到本地默认实例,在"对象资源管理器"窗口中依次展开"数据库"→JY 选项,右击 JY 选项,在弹出的快捷菜单中选择"删除"菜单命令或者直接按 Delete 键,即可成功删除数据库。

2) 使用 DROP DATABASE 语句删除数据库

启动 SQL Server Management Studio,连接到本地默认实例,在"查询编辑器"窗口中输入 DROP DATABASE 语句,选择"执行"命令,即可成功删除 JY 数据库。

```
DROP DATABASE JY
GO
```

任务 2.4　分离和附加图书借阅数据库 JY

分离数据库是指将数据库从 SQL Server 实例中删除,但保留数据库的数据库文件和事务日志文件,这样,在 SQL Server Management Studio 中就看不到该数据库了。在需要的时候将这些文件附加到 SQL Server 数据库中。这两个互逆操作类似于"文件备份"方法,但由于数据库管理系统的特殊性,需要利用 SQL Server 提供的工具才能完成,而直接的"文件备份"是行不通的。

1. 分离图书借阅数据库 JY

分离数据库需要对数据库具有独占访问权限。如果数据库正在使用,则限制为单用户模式。

数据库分离的具体步骤如下。

(1) 启动 SQL Server Management Studio,连接到本地默认实例,在"对象资源管理器"窗口中依次展开"数据库"→JY 选项,右击 JY 选项,在弹出的快捷菜单中选择"任务"→"分离"级联菜单命令,弹出"分离数据库"窗口,如图 2-23 所示。

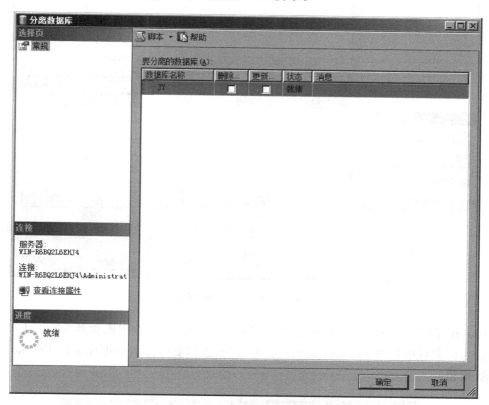

图 2-23 "分离数据库"窗口

(2) 单击"确定"按钮,完成 JY 数据库的分离。

此时,刷新"对象资源管理器"窗口中的内容,会发现 JY 数据库已经不存在了,表示分离成功。

2. 附加图书借阅数据库 JY

执行附加数据库功能之前,可以通过数据库的"属性"窗口得到数据库中的全部数据文件和日志文件的存放位置。

附加数据库的具体步骤如下。

(1) 启动 SQL Server Management Studio,连接到本地默认实例,在"对象资源管理器"窗口中定位于数据库,右击,在弹出的快捷菜单中选择"附加"命令,弹出"附加数据库"窗口,如图 2-24 所示。

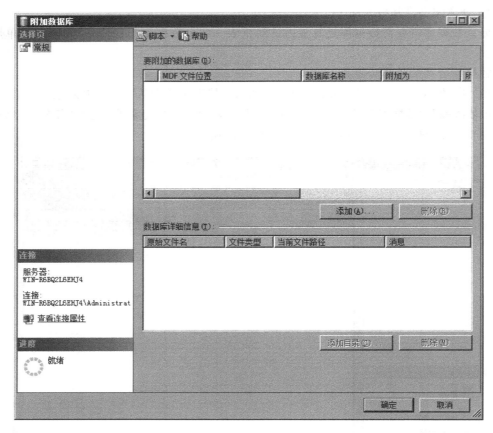

图 2-24 "附加数据库"窗口

（2）在"附加数据库"窗口中单击"添加"按钮，弹出"定位数据库文件"窗口，如图 2-25 所示。在该窗口中找到 JY.mdf 文件所在的目录，选择要附加的数据库文件 JY.mdf，单击 "确定"按钮。

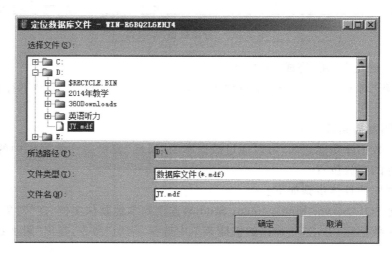

图 2-25 "定位数据库文件"窗口

（3）返回"附加数据库"窗口，单击"确定"按钮，完成附加数据库的操作。

使用分离和附加数据库的方法从源服务器上分离数据库时，是将数据库文件复制到目标服务器，然后在目标服务器上附加数据库。此时，只是读取源磁盘和写入目标磁盘，无须在数据库中创建对象或创建数据库结构，速度较快。但使用该方法，在传输过程中将无法使用数据库。

项目小结

（1）SQL Server 的 5 个系统数据库：master、model、tempdb、msdb、resource。

（2）三种数据库文件：主数据文件、次数据文件、事务日志文件。

（3）数据库默认的主文件组 PRIMARY。

（4）创建数据库实际上是创建数据文件和事务日志文件，以及设置它们的属性和彼此之间的关系。

（5）根据实际需要选择使用 SQL Server Management Studio 或 Transact-SQL 语句完成对数据库的操作，一般来说，在本地客户端使用 SQL Server Management Studio 操作会比较方便，在服务器端使用 Transact-SQL 操作会比较迅速。

（6）数据库的配置选项比较多，在配置数据库之前要明白每个配置选项的作用。创建数据库和配置数据库的重点是文件和文件组，以及自动增长的属性设置。

（7）对于暂时不用的数据库将其分离，等需要的时候再将其附加，以减轻 SQL Server 2012 的负担。

（8）数据库使用一段时间后，可能会变得很大，可以通过收缩数据库的方式来释放空间。

（9）对于不需要的数据库，可以删除。

课程实训

在学生选课系统 xk 的实训中，完成：

（1）创建数据库 xk，该数据库中有一个 xk. mdf 主数据文件和一个 xk_log. ldf 事务日志文件。主数据文件容量为 10MB，事务日志文件容量为 15MB，主数据文件和事务日志文件的最大容量为 40MB，文件增量为 4MB。要求主数据文件和事务日志文件保存在不同的路径下。

（2）使用系统存储过程显示 xk 数据库的信息。

（3）在 xk 数据库下新增名为 group 的文件组。

（4）以增加名为 xs 次数据文件的方式扩充 xk 数据库的容量。次数据库文件存放在 group 文件组，初始容量为 10MB，最大容量为 20MB，文件增量为 1MB。

（5）先将 xk 数据库分离，再将其进行附加。

创建数据库

思考练习

（1）建立数据库的方法有哪些？

（2）在 SQL Server 2012 中数据库由哪些文件组成？其文件的扩展名分别是什么？文件的逻辑名称和物理名称有何区别？

（3）数据库分离的作用是什么？数据库附加的作用是什么？

（4）如何将数据库修改为单用户模式？

项目 3　创建数据表

项目目标

(1) 掌握 SQL Server 的数据类型。

(2) 了解数据表的分类。

(3) 会创建和管理(修改、重命名、删除)数据表。

(4) 会查看数据表信息。

(5) 掌握在管理数据表时常用的系统存储过程。

项目陈述

图书借阅数据库 JY 创建成功后,需要在图书借阅数据库 JY 中创建图书表、读者表和借阅表。

任务 3.1　创建数据表

任务 3.2　查看数据表信息

任务 3.3　修改数据表结构

任务 3.4　删除数据表

项目准备

3.1　数据表简介

在 SQL Server 的数据库对象中,最基本的是数据表,它是按照行和列的格式组织数据。其中,行是组织数据的单位,每一行表示唯一的一条记录;列主要描述数据的属性,每一列表示记录对应的一个属性,也称为字段,而且同一个表中的列名必须唯一。SQL Server 2012 按照表的用途分为三类:系统表、用户自定义表和临时表。

(1) 系统表:SQL Server 2012 数据库引擎使用的的表。系统表中存储了定义服务器配置及其所有表的数据。用户不允许对系统表进行修改。

(2) 用户自定义表:用户创建的表,表中记录的是用户的数据。

(3) 临时表:只在数据库运行期间存在的数据表,存储在 tempdb 数据库中。临时表分为本地临时表和全局临时表。本地临时表的表名以"#"开头,全局临时表的表名以"##"开头。本地临时表仅对当前的用户连接可见,且当用户断开与 SQL Server 实例的连接时被删除。全局临时表创建后对所有连接的用户都是可见的,且当所有引用该表的用户断开与 SQL Server 实例的连接时被删除。

3.2 数 据 类 型

在数据库中存储的所有数据都有一个数据类型。正确地选择数据类型,可以提高数据库的性能。SQL Server 2012 除了提供系统定义的数据类型外,用户也可以根据需要创建数据类型,然后像使用系统数据类型一样使用。

SQL Server 提供了丰富的数据类型,不必全部记住,可在需要的时候查阅相关资料或帮助系统。

3.2.1 系统数据类型

1. 数值型数据类型

数值型数据类型用来存储数值,可以直接进行数据运算而不必使用函数转换,如表 3-1 所示。

表 3-1 数值型数据类型

数 据 类 型	存 储 范 围	说 明
int	$-2^{31} \sim 2^{31}-1$ 范围内的所有整数	存储整型数据,占用 4B,共 32 位,其中 1 位用来表示符号
smallint	$-2^{15} \sim 2^{15}-1$ 范围内的所有整数	存储整型数据,占用 2B,共 16 位,其中 1 位用来表示符号
bigint	$-2^{63} \sim 2^{63}-1$ 范围内的所有整数	存储整型数据,占用 8B,共 64 位,其中 1 位用来表示符号
tinyint	0~255 范围内的所有整数	存储整型数据,占用 1B
bit	取 0、1 或 NULL	用于存储逻辑关系。并且字符串值 TRUE 和 FALSE 可以转换为 bit 类型
decimal [p[,s]]或 numeric[p[,s]]	带固定精度和小数位数的数值数据类型。取值范围随精度的不同而不同,使用最大精度时,有效值范围为 $-10^{38} \sim 10^{38}-1$	p(精度)指定十进制数值的总位数,取值范围 1~38,默认值为 18。s(小数位数)指定十进制位数的小数位数,默认值为 0。numeric 数据类型的字段可以设置 identity 属性,而 decimal 数据类型的字段不能定义 identity 属性
float [(n)]	有效值范围为:$-1.79E+308 \sim 1.79E+308$	存储带小数的浮点数据类型,占用 8B,采用只入不舍的方式进行存储。n(精度)指定 float 数值尾数的位数(以科学计数法表示),取值范围 1~53,默认值为 53
real	有效值范围为:$-3.40E+38 \sim 3.40E+38$	存储带小数的浮点数据类型,占用 4B

2. 字符型数据类型

字符型数据类型用来存储各种字母、数字符号和特殊符号,如表 3-2 所示。在 SQL

Server 2012 中,字符的编码方式有 ASCII 码(也称普通编码)和 Unicode 码(也称统一编码)两种方式。ASCII 码是不同的语言编码长度不一样,比如,英文字母的编码是 1B,中文汉字的编码是 2B。在使用字符型数据类型时,需要加上单引号或双引号。

表 3-2　字符型数据类型

数 据 类 型	说　明
char (n)	最长可容纳 8000 个字符的定长字符,一个存储单位占用一个字节的存储空间,使用时必须指定字符长度
varchar (n)	最长可容纳 8000 个字符的变长字符,一个存储单位占用一个字节的存储空间,使用时必须指定字符长度
text	用于存储文本数据,最大长度 $2^{31}-1$ 个字符的变长字符串,使用时不必指定字符长度

3. 二进制数据类型

在 SQL Server 2012 中对二进制数据进行存储时,必须在数据常量前加上前缀 0x,例如,"0xAB"。如表 3-3 所示。

表 3-3　二进制数据类型

数 据 类 型	说　明
binary	最大长度为 8000 字节的定长二进制数据,使用时必须指定字符长度
varbinary	最大长度为 8000 字节的变长二进制数据,使用时必须指定字符长度
image	最大长度为 $2^{31}-1$ 字节的变长二进制数据,可用于存储二进制文件,比如 Word 文件、图像文件、可执行文件等。存储该列的数据一般不能使用 INSERT 语句直接输入

4. 日期/时间数据类型

该类型用来存储日期和时间数据,如表 3-4 所示。

表 3-4　日期/时间型数据类型

数 据 类 型	说　明
datetime	存储用字符串表示的时间和日期数据,占用 8B。取值范围从 1753 年 1 月 1 日到 9999 年 12 月 31 日,数据格式为"YYYY-MM-DD hh:mm:ss"
smalldatetime	存储用字符串表示的时间和日期数据,占用 4B。取值范围从 1900 年 1 月 1 日到 2079 年 6 月 6 日,精确到分

5. 货币数据类型

货币数据类型用来定义货币数据,例如,"￥123",如表 3-5 所示。

表 3-5　货币型数据类型

数 据 类 型	说　明
money	数值的整数部分为 19 位,数值的小数部分为 4 位,占用 8B。取值范围是 $-2^{63}\sim2^{63}-1$
smallmoney	占用 2B,取值范围是 $-214\,743.3648\sim214\,743.3647$

6. Unicode 数据类型

Unicode 数据类型与字符型数据类型相似,但 Unicode 编码方式采用双字节字符编码标准,一个字符的编码是 2B,一般在存储多语言时采用,如表 3-6 所示。

表 3-6　Unicode 型数据类型

数据类型	说　明
nchar（n）	最长可容纳 4000 个字符的定长 Unicode 字符，一个存储单位占用两个字节，使用时必须指定字符长度
nvarchar（n）	最长可容纳 4000 个字符的变长 Unicode 字符，一个存储单位占用两个字节，使用时必须指定字符长度
ntext	用于存储文本数据，最大长度 $2^{30}-1$ 个字符的变长 Unicode 字符串，一个存储单位占用两个字节，使用时不必指定字符长度

7. sql_variant 数据类型

sql_variant 数据类型可以存储一些混合数据，主要用于列、参数、变量和用户定义函数的返回值中。某个列需要存储不同类型的数据时，可能是时间，也有可能是数值或字符，这时，就可以采用 sql_variant 数据类型。sql_variant 数据类型可以存储除 text、ntext、image 数据类型之外的所有数据类型。

8. timestamp 数据类型

这种数据类型是在数据库范围内提供唯一值，在数据库中更新或插入数据行时，此数据类型定义的列值会自动更新，确保这些数在数据库中是唯一的。timestamp 一般用作给表行加版本戳的机制。存储大小为 8B。

3.2.2　用户自定义数据类型

除了使用系统提供的数据类型外，SQL Server 2012 还允许用户根据需要自定义数据类型。用户自定义的数据类型名称必须符合 SQL Server 的标识符命名规则，而且基类型不能是 money、smallmoney。

用户自定义数据类型的基本语法格式：

```
sp_addtype
    [@typename = ]type              --用户自定义的数据类型名称
    [@phystype = ] system_data_type --用户自定义的数据类型所基于的系统提供的数据类型
    [,[@nulltype = ] 'null_type' ]  --处理空值的方式,取值范围是 NULL、NOT NULL、NONULL
    [,[@owner = ] 'owner_name' ]    --指定新数据类型的创建者或所有者
```

例　创建用户自定义的数据类型。

```
--创建一个名为 rtu 的用户自定义数据类型:基于 nvarchar 数据类型,该列不允许为 NULL
USE JY
GO
EXEC sp_addtype rtu, nvarchar(30), 'NOT NULL'
GO
```

课前小测

1. 学生表中的性别字段选择下面（　　）数据类型最准确。

    A. char(2)　　　　　　B. varchar(2)　　　　　　C. nchar(2)　　　　　　D. Numeric(2)

2. 学生表中的姓名字段选择下面( )数据类型最准确。

    A. char(20)   B. varchar(20)   C. nchar(20)   D. text

3. 若表中一个字段类型为 nchar,长度为 20,当字段输入"网络数据库 SQL"时,此字段将占用( )个字节的存储空间。

    A. 8   B. 13   C. 20   D. 40

4. 若表中一个字段类型为 char,长度为 20,当字段输入"网络数据库 SQL"时,此字段将占用( )个字节的存储空间。

    A. 8   B. 13   C. 15   D. 20

5. 若表中一个字段类型为 varchar,长度为 20,当字段输入"网络数据库 SQL"时,此字段将占用( )个字节的存储空间。

    A. 8   B. 13   C. 15   D. 20

 项目实施

任务 3.1   创建数据表

数据表的创建就是定义表的结构,包括列的名称、数据类型和约束等。一般情况下,要考虑以下几点。

(1) 确定表名。

(2) 确定将表存放在哪个文件组。系统默认将数据表创建在 PRIMARY 主文件组中。如果需要将数据表创建在其他文件夹组中,则需要先创建文件组。

(3) 确定每列的属性:列名、数据类型、最大存储长度、列值是否允许为空。要注意的是,空值(NULL)不等于 0、空格或零长度的字符串。空值表示没有输入,意味着相应的值是未知的或未定义的。由于空值会导致查询和更新变得复杂,应尽量不要使用空值,可以使用默认约束代替空值。

(4) 确定需要定义主键、外键、唯一键或标识列的列。

(5) 确定需要定义存储数据的有效值范围或在不输入数据时由系统自动给出默认值的列。

1. 数据表的详细设计

按照"图书借阅数据库系统"的设计要求,对图书表 book、读者表 reader、借阅记录表 record 等进行数据表的详细设计,如表 3-7～表 3-9 所示。

表 3-7   图书表 book

列 名	说 明	数 据 类 型	列 的 约 束
book_id	图书编号	char(8)	NOT NULL
book_name	书名	nvarchar(50)	NOT NULL
book_isbn	图书 isbn 号	char(17)	NOT NULL
book_author	作者	nvarchar(10)	NOT NULL
book_publisher	出版社	nvarchar(50)	NOT NULL
book_price	价格	money	NOT NULL
interview_times	借阅次数	smallint	NOT NULL

表 3-8   读者表 reader

列　　名	说　　明	数 据 类 型	列 的 约 束
reader_id	读者编号	char(8)	NOT NULL
reader_name	姓名	nvarchar(50)	NOT NULL
reader_sex	性别	char(2)	NOT NULL
reader_department	院系	nvarchar(60)	NOT NULL

表 3-9   借阅记录表 record

列　　名	说　　明	数 据 类 型	列 的 约 束
reader_id	读者编号	char(8)	NOT NULL
book_id	图书编号	char(8)	NOT NULL
borrow_date	借书时间	date	NOT NULL
return_date	还书时间	date	NOT NULL
notes	备注	nvarchar(50)	NOT NULL

2. 使用 SQL Server Management Studio 创建数据表

在本项目中,暂不考虑表的其他完整性约束的设计,只设置字段是否为 NULL。

在 SQL Server Management Studio 中创建图书表 book 的步骤如下。

(1) 启动 SQL Server Management Studio,连接到本地默认实例,在"对象资源管理器"窗口中依次展开"数据库"→"JY"→"表"选项。

(2) 右击"表"选项,在弹出的快捷菜单中选择"新建表"命令,弹出"表设计器"窗口,输入图书表 book 各列的列名、数据类型和"允许 Null 值"等内容,如图 3-1 所示。

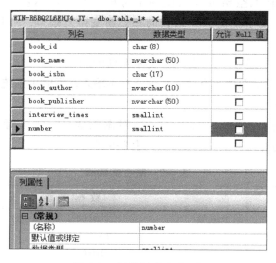

图 3-1   创建图书表 book

(3) 设置完毕后,单击工具栏上的"保存"按钮,在弹出的"选择名称"对话框中输入表名"book",最后单击"确定"按钮,完成图书表 book 的创建。

3. 使用 CREATE TABLE 语句创建数据表

创建数据表的基本语法格式如下：

```
CREATE TABLE [ database_name . ] table_name              -- 指定数据表的名称
(
    column_name < data_type > [ NULL | NOT NULL ]         -- 指定数据表中列的名称
    | [ IDENTITY ( SEED , INCREMENT ) ]                   -- 指定该列为标识列
    | [ DEFAULT constant_expression ]                     -- 指定该列的默认值
    { PRIMARY KEY | UNIQUE }                              -- 指定该列的主键约束|唯一性约束
    [ ASC | DESC ]
    column_name < data_type >…
)
[ ON { filegroup } DEFAULT ]                              -- 指定将表创建在哪个文件组
```

使用 CREATE TABLE 语句创建读者表 reader 的步骤如下。

（1）启动 SQL Server Management Studio，连接到本地默认实例，在"查询编辑器"窗口中输入创建读者表 reader 的 CREATE TABLE 语句如下。

```
CREATE TABLE reader
(
    reader_id char(8) NOT NULL,
    reader_name nvarchar(50) NOT NULL,
    reader_sex char(2) NOT NULL,
    reader_department nvarchar (60) NOT NULL,
)
GO
```

（2）单击"执行"命令，即可成功创建读者表 reader。在"对象资源管理器"中，可以看到创建的读者表 reader，如图 3-2 所示。

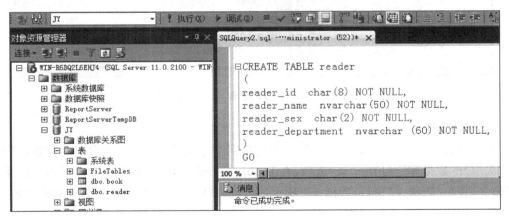

图 3-2　读者表 reader 创建结果的显示

本节以图书表 book 和读者表 reader 为例，说明了创建表的方法和详细步骤，其他数据表以同样的方法进行创建，本项目就不再赘述。

项目 3

创建数据表

任务 3.2　查看数据表信息

数据表创建后,读者可以根据需要查看数据表信息,例如表的结构、表的属性、表中存储的数据以及与其他数据对象之间的依赖关系等。

1. 使用 SQL Server Management Studio 查看数据表信息

1) 查看数据表的结构

启动 SQL Server Management Studio,连接到本地默认实例,在"对象资源管理器"窗口中依次展开"数据库"→JY→"表"选项,右击 dbo. record 选项,在弹出的快捷菜单中选择"设计"命令,弹出"表设计器"窗口,可以看到,与之前创建数据表的窗口是一样的。在该窗口中显示了数据表中定义的各个列的名称、数据类型、是否允许空值以及主键约束唯一性约束等信息,如图 3-3 所示。

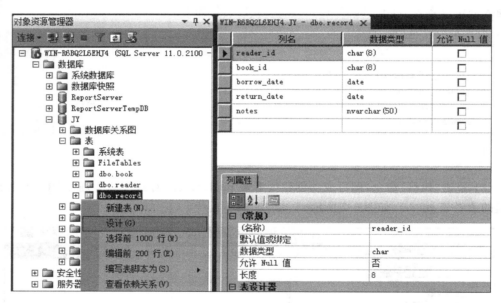

图 3-3　查看借阅记录表 record 的结构

2) 查看数据表的信息

启动 SQL Server Management Studio,连接到本地默认实例,在"对象资源管理器"窗口中依次展开"数据库"→JY→"表"选项,右击 dbo. record 选项,在弹出的快捷菜单中选择"属性"命令,弹出"表属性"窗口,如图 3-4 所示,在该窗口中显示了借阅记录表 record 的各类信息。该窗口中的属性不能修改。

2. 使用系统存储过程查看数据表信息

通过系统存储过程 sp_help 查看数据表结构,这种方法比 SQL Server Management Studio 更为直观,如图 3-5 所示。

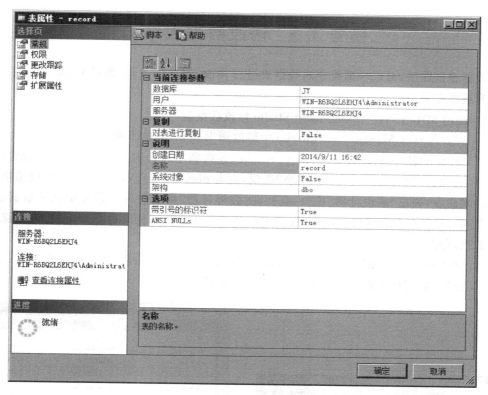

图 3-4　借阅记录表 record"表属性"窗口

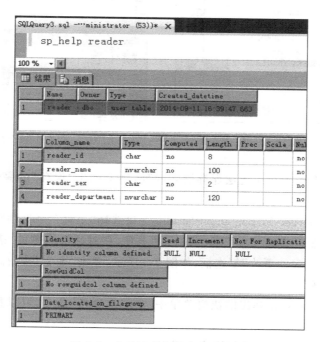

图 3-5　查看读者表 reader 的结构

创建数据表

任务 3.3　修改数据表结构

数据表创建后,可以根据需要对数据表进行修改,例如插入列、删除列、修改列定义、重命名列或数据表等。

1. 使用 SQL Server Management Studio 修改数据表

在 SQL Server Management Studio 中修改图书表 book 的步骤如下。

(1) 启动 SQL Server Management Studio,连接到本地默认实例,在"对象资源管理器"窗口中依次展开"数据库"→"JY"→"表"选项,右击 dbo.book 选项,在弹出的快捷菜单中选择"设计"命令,弹出"表设计器"窗口,直接在"表设计器"窗口修改数据表中列的数据类型、重命名列;或者右击需要修改的列,在弹出的快捷菜单中选择相应命令即可插入、删除数据表中的列,如图 3-6 所示。

(2) 在"表设计器"窗口中删除 number 列,插入"book_price money NOT NULL"列。单击"保存"按钮即可保存修改的操作,如图 3-7 所示。

图 3-6　修改图书表 book 的快捷菜单　　　　图 3-7　图书表 book 的"表设计器"

(3) 如果在保存的过程中无法保存插入的列,则会弹出"保存"的警告对话框,如图 3-8 所示。

此时,在 SQL Server Management Studio 窗口选择"工具"→"选项"菜单命令,打开"选项"对话框,在对话框左侧窗格中选择"设计器"选项,在对话框右侧的"表选项"中,取消"阻止保存要求重新创建表的更改"复选框,如图 3-9 所示,单击"确定"按钮。设置完毕后,就可以正常保存插入的列。

(4) 右击 dbo.book,在弹出的快捷菜单中选择"重命名"命令,可以重命名数据表表名,按 Enter 键确认。

2. 使用 ALTER TABLE 语句修改数据表

使用 ALTER TABLE 插入列的基本语法格式如下:

```
ALTER TABLE [ database_name . ] table_name
(
    ADD column_name data_type
    [ NULL | NOT NULL ]
    | [ DEFAULT constant_expression ]
    { PRIMARY KEY | UNIQUE }
)
```

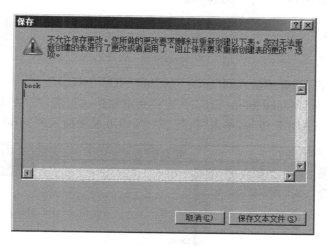

图 3-8 "保存"的警告对话框

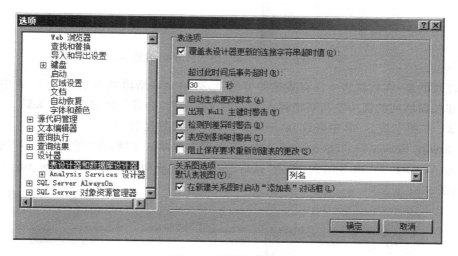

图 3-9 "选项"对话框

使用 ALTER TABLE 修改列定义的基本语法格式如下：

```
ALTER TABLE [ database_name . ] table_name
(
    ALTER COLUMN column_name new_ data_type
```

```
    [ NULL | NOT NULL ]
    | [ DEFAULT constant_expression ]
    { PRIMARY KEY | UNIQUE }
)
```

使用 ALTER TABLE 删除列的语法格式如下：

```
ALTER TABLE [ database_name . ] table_name
(
    DROP COLUMN column_name
)
```

例 1　在图书表 book 中插入列"total smallint NOT NULL"。

启动 SQL Server Management Studio，连接到本地默认实例，在"查询编辑器"窗口输入插入列的 ALTER TABLE 语句，单击"执行"命令，即可成功插入列 total，如图 3-10 所示。

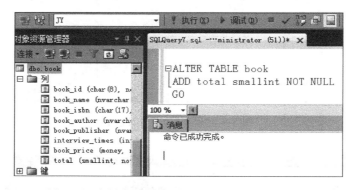

图 3-10　在图书表 book 中插入列 total 的显示结果

要注意的是，在数据表中已有数据的情况下，必须允许新增列为空。否则，表中已有数据行的那些新增列的值为空与新增列不允许为空相矛盾，会导致新增列操作失败。

例 2　在图书表 book 中修改 interview_times 列的数据类型。

启动 SQL Server Management Studio，连接到本地默认实例，在"查询编辑器"窗口输入修改列的 ALTER TABLE 语句，单击"执行"命令，即可成功修改列 interview_times 的数据类型，如图 3-11 所示。

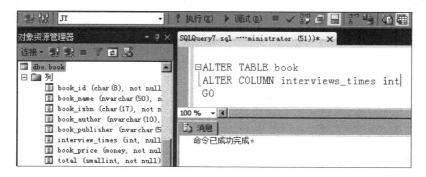

图 3-11　修改图书表 book 中 interview_times 列的数据类型显示结果

要注意的是,修改列定义时,如果修改后的长度小于原来定义的长度,或者修改成其他数据类型,会造成数据丢失。

例3 在图书表 book 中删除 total 列。

启动 SQL Server Management Studio,连接到本地默认实例,在"查询编辑器"窗口输入删除列的 ALTER TABLE 语句,单击"执行"命令,即可成功删除 total 列,如图 3-12 所示。

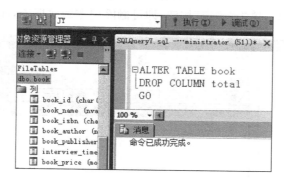

图 3-12 删除图书表 book 中 total 列的显示结果

3. 使用系统存储过程 sp_rename 重命名列或数据表

使用系统存储过程 sp_rename 重命名数据表列名,或重命名数据表表名,如图 3-13 和图 3-14 所示。

图 3-13 重命名图书表 book 中 price 列的显示结果

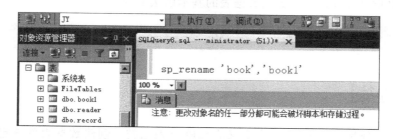

图 3-14 重命名图书表 book 的显示结果

要注意的是,更改对象名的任何一部分都可能破坏脚本和存储过程,引用原表的视图和存储过程将无法再使用,因此,必须先删除这些视图和存储过程再重新创建。

任务 3.4　删除数据表

1. 使用 SQL Server Management Studio 删除数据表

启动 SQL Server Management Studio，连接到本地默认实例，在"对象资源管理器"窗口中依次展开"数据库"→JY→"表"选项，右击 book 选项，在弹出的快捷菜单中选择"删除"命令，弹出"删除对象"窗口，单击"确定"按钮，即可删除选定的数据表，如图 3-15 所示。

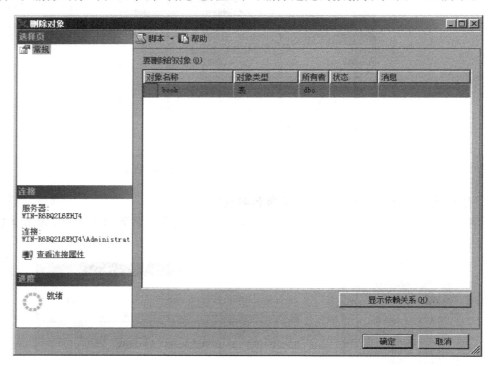

图 3-15　"删除对象"窗口

2. 使用 DROP TABLE 语句删除数据表

使用 DROP TABLE 语句删除数据表的基本语法格式：

```
DROP TABLE table_name
```

 项目小结

（1）数据表分为系统表、用户自定义表和临时表三类。创建数据表就是定义数据表中的列属性、表和表之间的关系，以及数据表存放的位置。本项目仅涉及定义数据表中列属性的相关内容，数据表存放位置采用系统默认设置。

（2）可以使用 SQL Server Management Studio 方便地创建、删除和修改数据表，但也要掌握使用 CREATE TABLE 语句创建数据表、使用 ALTER TABLE 语句修改数据表、使用

DROP TABLE 语句删除数据表。创建和修改数据表的参数很多,不必全部记住,可在需要的时候查阅帮助系统。

(3) 使用系统存储过程 sp_help 查看数据表表结构,以及使用系统存储过程 sp_rename 重命名列或重命名表。

(4) 临时表是暂时需要而产生的数据表,存放在 tempdb 数据库中,当使用完毕并且断开连接后,临时表会自动删除。

课程实训

在学生选课系统 xk 的实训中,完成:

(1) 详细设计数据表。学生选课系统数据库中有三个数据表,分别是学生表、课程表、选课表,结构如表 3-10～表 3-12 所示。

表 3-10　课程表 course

列　　名	说　　明	数 据 类 型	列 的 约 束
course_id	课程号	char(8)	NOT NULL
course_name	课程名	nvarchar(50)	NOT NULL
course_credit	课程学分	tinyint	NOT NULL
course_time	开课学期	nvarchar(50)	NOT NULL

表 3-11　学生表 student

列　　名	说　　明	数 据 类 型	列 的 约 束
student_id	学号	char(8)	NOT NULL
student_name	姓名	nvarchar(50)	NOT NULL
student_sex	性别	char(2)	NOT NULL
student_department	专业	nvarchar(50)	NOT NULL

表 3-12　选课表 elective

列　　名	说　　明	数 据 类 型	列 的 约 束
student_id	学号	char(8)	NOT NULL
course_id	课程号	char(8)	NOT NULL
course_score	成绩	smallint	NOT NULL

(2) 在学生选课数据库 xk 数据库中创建以上数据表的结构。

(3) 掌握系统存储过程 sp_help、sp_rename 的使用。

思考练习

(1) 建立数据表的方法有哪些?

(2) SQL Server 2012 常用的数据类型有哪些?

(3) 以学生选课系统为例,说明在数据表的详细设计中,如何选择数据类型和长度。

项目 4 实施数据完整性规则

 项目目标

(1) 了解数据完整性规则。

(2) 理解各种约束的作用。

(3) 会在数据表上创建和删除约束。

(4) 理解标识列的概念。

(5) 会根据实际需要创建标识列。

 项目陈述

在"图书借阅数据库系统"中创建了数据表之后,需要实施数据完整性规则,以保证数据的完整性。

任务 4.1 创建主键约束

任务 4.2 创建外键约束

任务 4.3 创建唯一性约束

任务 4.4 创建检查约束

任务 4.5 创建默认值约束

任务 4.6 删除约束

任务 4.7 使用标识列实施数据的完整性

 项目准备

数据完整性是指保证数据正确性和相容性的特性。其中,数据的正确性是指数据的数据类型必须正确,并且数据的值在规定范围之内;数据的相容性是指必须确保同一数据表的数据之间以及不同数据表的数据之间的相容关系。

4.1 数据完整性规则

数据完整性用来保证数据的一致性和正确性,分为列完整性、表完整性和参照完整性。

(1) 列完整性:也称为用户定义完整性,指数据表中任一列的数据必须在所允许的有效范围内。例如,读者表中 reader_id 列为字符型,长度为 8,不允许为空,值只允许为

8 位数字。

（2）表完整性：也称为实体完整性，指数据表中必须有一个主键，且主键值不能为空。例如，读者表中 reader_id 列为主键。

（3）参照完整性：也称为引用完整性，指外键值必须与相应的主键值相互参照。外键是一个来自两个表的公共键，通过使用外键来建立表与表之间的联系。

① 对外键所在的表执行插入操作时，要保证外键值一定要在主表的主键值中存在。例如，向借阅记录表 record 中插入数据行时，要保证插入的 book_id 值（外键值）在读者表 book 的 book_id 值（主键值）中存在。

② 更新外键值时，要保证更新后的外键值在主表中的主键值中存在。例如，更新借阅记录表 record 中的 book_id 值（外键值）时，如果更新后的 book_id 值在图书表 book 的 book_id 值（主键值）中不存在，则破坏了数据参照完整性规则。

③ 更新主键值时，一定要注意外键值中是否存在该值。如果存在，则禁止进行更新或级联更新与更新的主键值完全相同的所有外键值。

④ 删除主键的数据行时，要注意删除的数据行的主键值在外键值中是否存在。如果存在，则禁止删除或级联删除与删除的主键值完全相同的外键值。例如，要删除图书表 book 的数据行，因借阅记录表 record 中存在对应的 book_id 值（外键值），此时，要么不允许删除图书表 book 的数据行，要么同时（级联）删除图书表 book 的数据行和对应的借阅记录表 record 中的数据行。

4.2　约束简介

约束是一种定义系统自动强制数据库完整性的方式，是强制完整性的标准机制。SQL Server 2012 主要有 5 类约束。需要注意的是，SQL Server Management Studio 已不再提供管理默认值和规则的功能，应避免在新的开发工作中使用默认值和规则，并应着手修改当前还在使用该功能的应用程序，将默认值修改为默认值约束，将规则修改为检查约束。

1. 主键约束

主键约束（PRIMARY KEY）用来实现实体完整性规则，其值能唯一标识数据表中的每一行都是可识别的和唯一的。主键列不允许为 NULL 值，每个数据表只能有一个主键约束。PRIMARY KEY 约束只能删除不能修改。

2. 外键约束

外键约束（FOREIGN KEY）用来实现参照完整性规则，使外键表中的数据与主键表中的数据保持一致。定义时，该约束参照的列必须是 PRIMARY KEY 约束或者 UNIQUE 约束的列，而且外键列表中的列数目和每个列指定的数据类型都必须和 REFERENCES 表中的列相匹配。

3. 唯一性约束

唯一性（UNIQUE）基于一列或多列定义，目的是保证在非主键的一列或多列组合中不能输入重复的值。UNIQUE 约束只能删除不能修改。

4. 检查约束

检查约束(CHECK)用以限制列的取值范围。可以限制一个列的取值范围,也可以限制同一个表中多个列之间的取值约束关系。在对有检查约束的列值进行更新时,系统自动检查列值的有效性。

5. 默认值约束

为列提供默认值。如果插入记录时没有为该列指定值,则系统自动使用默认值。每一列只能有一个默认值约束(DEFAULT)。默认值约束不能与 IDENTITY 属性和 TIMESTAMP 属性一起使用。

课前小测

1. 一个表可以创建(　　)个主键约束。
   A. 0　　　　　　B. 1　　　　　　C. 2　　　　　　D. 无限个
2. 一个表可以创建(　　)个唯一性约束。
   A. 0　　　　　　B. 1　　　　　　C. 2　　　　　　D. 多个
3. 在 SQL Server 2012 中,用(　　)表示数值未知的空值。
   A. NULL　　　　B. 空格　　　　C. 0　　　　　　D. ''
4. 关于默认值约束,下面叙述正确的是(　　)。
   A. 只能使用 CREATE TABLE 语句创建
   B. 默认约束是指在输入数据时,有些数据在没有特例情况下能自动输入
   C. 只能使用 ALTER TABLE 语句创建
   D. 只能使用对象资源管理器创建
5. 下列约束中,标识表之间关系的是(　　)。
   A. DEFAULT　　　　　　　　　B. FOREIGN KEY
   C. NULL　　　　　　　　　　　D. CHECK

项目实施

图书借阅数据库系统 JY 中图书表 book、读者表 reader 和借阅记录表 record 数据完整性解决方案如表 4-1～表 4-3 所示。

表 4-1　图书表 book 实施数据完整性规则的解决方案

列名	说明	数据完整性规则
book_id	图书编号	char(8)、NOT NULL、PRIMARY KEY、CHECK
book_name	书名	nvarchar(50)、NOT NULL
book_isbn	图书 isbn 号	char(17)、NOT NULL、UNIQUE
book_author	作者	nvarchar(10)、NOT NULL
book_publisher	出版社	nvarchar(50)、NOT NULL
Book_price	价格	money、NOT NULL
interview_times	借阅次数	smallint、NOT NULL

表 4-2　读者表 reader 实施数据完整性规则的解决方案

列　名	说　明	数据完整性规则
reader_id	读者编号	char(8)、NOT NULL、PRIMARY KEY、CHECK
reader_name	姓名	nvarchar(50)、NOT NULL
reader_sex	性别	char(2)、NOT NULL
reader_department	院系	nvarchar(60)、NOT NULL

表 4-3　借阅记录表 record 实施数据完整性规则的解决方案

列　名	说　明	数据完整性规则	
reader_id	读者编号	char(8)、NOT NULL、FOREIGN KEY	PRIMARY KEY
book_id	图书编号	char(8)、NOT NULL、FOREIGN KEY	
borrow_date	借书时间	date、NOT NULL、DEFAULT	
return_date	还书时间	date、NOT NULL	
notes	备注	nvarchar(50)、NOT NULL	

任务 4.1　创建主键约束

除了使用 SQL Server Management Studio 创建主键约束外，也可以使用 Transact-SQL 语句创建主键约束。

1. 使用 CREATE TABLE 语句创建主键约束

以读者表 reader 为例，创建新数据表的同时创建主键，如图 4-1 所示。

```
USE JY
GO
CREATE TABLE reader                    -- 创建主键约束的第一种方式
(
    reader_id char(8) NOT NULL PRIMARY KEY,
    reader_name nvarchar(50) NOT NULL,
    reader_sex char(2) NOT NULL,
    reader_department nvarchar (60) NOT NULL,
)
GO
或者
USE JY
GO
CREATE TABLE reader                    -- 创建主键约束的第二种方式
(
    reader_id char(8) NOT NULL,
    reader_name nvarchar(50) NOT NULL,
    reader_sex char(2) NOT NULL,
    reader_department nvarchar (60) NOT NULL,
    PRIMARY KEY (reader_id ),
)
GO
```

实施数据完整性规则

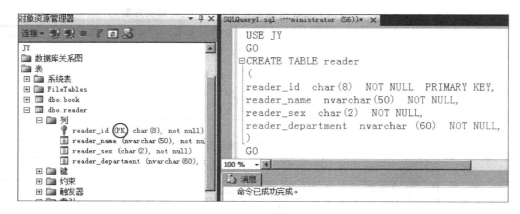

图 4-1   创建读者表 reader 的同时创建主键约束

2. 使用 ALTER TABLE 语句添加主键约束

使用 ALTER TABLE 语句添加主键约束的基本语法格式：

```
ALTER TABLE [ database_name . ] table_name
(
    ADD CONSTRAINT constraint_name PRIMARY KEY (col_name)
)
```

以添加图书表 book 的主键约束为例，如图 4-2 所示。

```
USE JY
GO
ALTER TABLE book
    ADD CONSTRAINT pk_book PRIMARY KEY (book_id)
GO
```

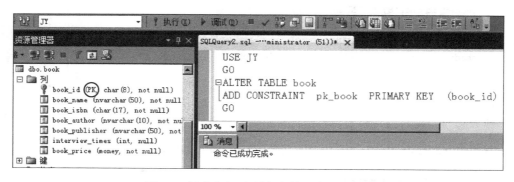

图 4-2   图书表 book 添加主键约束 pk_book

3. 使用 SQL Server Management Studio 创建主键约束

在 SQL Server Management Studio 中创建主键约束的步骤如下。

（1）启动 SQL Server Management Studio，连接到本地默认实例，在"对象资源管理器"窗口中依次展开"数据库"→JY→"表"选项。

（2）右键单击 record 表，在弹出的快捷菜单中选择"设计"命令，弹出"表设计器"窗口。

（3）在"表设计器"窗口中按住 Ctrl 键的同时选择 book_id 行和 reader_id 行，右击，在弹出的快捷菜单中选择"设置主键"命令，如图 4-3 所示。

（4）这时，将在 book_id 行和 reader_id 行左侧出现 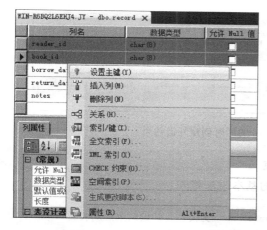，表示成功创建主键约束，如图 4-4 所示。单击工具栏上的"保存"按钮。

图 4-3 "设置主键"命令　　　　图 4-4 借阅记录表 record 添加主键约束

任务 4.2　创建外键约束

同主键约束一样，除了使用 SQL Server Management Studio 创建外键约束外，还可以使用 CREATE TABLE 语句创建新数据表时设置外键约束，或者使用 ALTER TABLE 语句为已经存在的数据表创建外键约束。

1. 使用 CREATE TABLE 语句创建外键约束

以借阅记录表 record 为例，创建新数据表的同时创建外键，如图 4-5 所示。

```
USE JY
GO
CREATE TABLE record
(
        reader_id char(8) NOT NULL,
        book_id char(8) NOT NULL,
        borrow_date date NOT NULL,
        return_date date NOT NULL,
        notes nvarchar(50) NOT NULL,
        PRIMARY KEY (reader_id,book_id),
        CONSTRAINT fk_reader FOREIGN KEY (reader_id)REFERENCES reader(reader_id),
        CONSTRAINT fk_book FOREIGN KEY (book_id) REFERENCES book(book_id),
)
GO
```

注意：定义外键约束之前，必须先定义主键约束。

项目 4

实施数据完整性规则

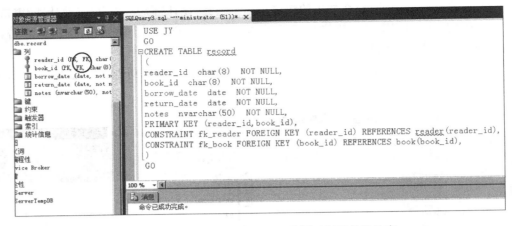

图 4-5　创建借阅记录表 record 的同时创建外键约束

2. 使用 ALTER TABLE 语句添加外键约束

使用 ALTER TABLE 语句添加外键约束的基本语法格式：

```
ALTER TABLE table1_name                    -- table1_name 为要创建外键约束的从表名
    ADD CONSTRAINT constraint_name FOREIGN KEY (col1_name)
    REFERENCES table2_name (col2_name)   -- table2_name 为外键约束参照的主键约束的主表名
GO
```

将借阅记录表 record 中的 reader_id 列和 book_id 列定义为外键约束，约束名为 fk_reader 和 fk_book。在"对象资源管理器"中可以看到，reader_id 列和 book_id 列信息多了"FK"信息，在"键"选项多了两个外键约束 fk_reader 和 fk_book，如图 4-6 所示。

```
USE JY
GO
ALTER TABLE record
    ADD
    CONSTRAINT fk_reader FOREIGN KEY (reader_id) REFERENCES reader (reader_id),
    CONSTRAINT fk_book FOREIGN KEY (book_id) REFERENCES book(book_id)
GO
```

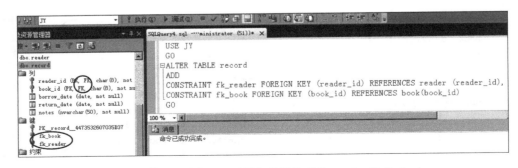

图 4-6　借阅记录表 record 添加外键约束 fk_reader 和 fk_book

3. 使用 SQL Server Management Studio 创建外键约束

在 SQL Server Management Studio 中创建外键约束的步骤如下。

（1）启动 SQL Server Management Studio，连接到本地默认实例，在"对象资源管理器"窗口中依次展开"数据库"→JY→"表"选项。

（2）右击 record 表，在弹出的快捷菜单中选择"设计"命令，弹出"表设计器"窗口。

（3）单击工具栏上的"关系"按钮 ，打开"外键关系"对话框，单击"添加"按钮，如图 4-7 所示。

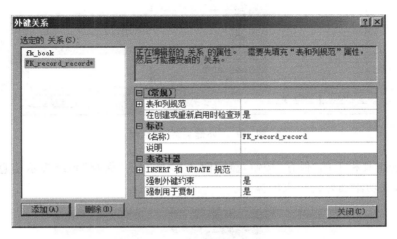

图 4-7 "外键关系"对话框

（4）选择"表和列规范"行，单击出现在右侧的 按钮，弹出"表和列"对话框，依次按照下面的步骤进行设置，如图 4-8 所示。

① 在"关系名"文本框中输入定义的外键名"fk_reader"。

② 在"主键表"下拉列表框中选择 reader 选项。

③ 外键表为 record，不需修改。

④ 在"外键表"下拉列表框中清除第一行显示的列名，并选择"无"选项。

⑤ 在"主键表"下拉列表框选择 reader_id 选项为主键列。

⑥ 在"外键表"下拉列表框选择 reader_id 选项为外键列。

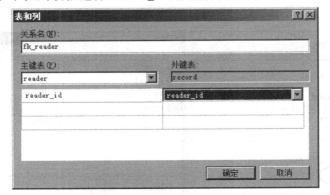

图 4-8 "表和列"对话框

（5）完成设置后，单击"确定"按钮，返回"外键关系"对话框，如图 4-9 所示。单击"关闭"按钮。

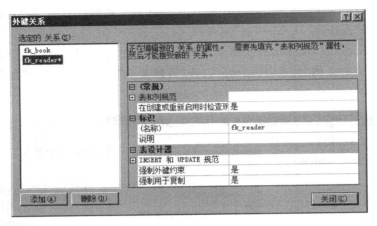

图 4-9　"外键关系"对话框

（6）单击工具栏上的"保存"按钮，显示图 4-10 所示的"保存"系统提示信息对话框。单击"是"按钮，成功添加外键约束的操作。

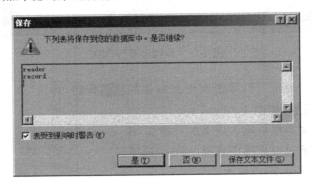

图 4-10　"保存"对话框

（7）如图 4-11 所示，reader_id 列信息多了"FK"信息，在"键"选项多了一个外键约束 fk_reader。

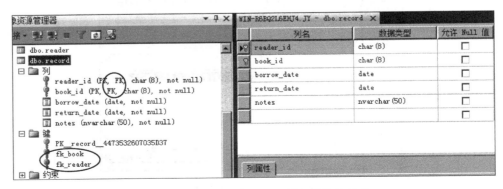

图 4-11　借阅记录表 record 添加的外键约束

任务 4.3　创建唯一性约束

唯一性约束用于指定一个列值或多个列的组合值具有唯一性,防止在列中输入重复的值。

1. 使用 CREATE TABLE 语句创建唯一性约束

以图书表 book 为例,创建新数据表的同时创建唯一性约束,其 SQL 语句如下所示。同时,在"对象资源管理器"中可以看到在"键"选项多了一个唯一性约束 un_isbn,如图 4-12 所示。

```
USE JY
GO
CREATE TABLE book
(
    book_id char(8) NOT NULL,
    book_name nvarchar(50) NOT NULL,
    book_isbn char(17) NOT NULL,
    book_author nvarchar(10) NOT NULL,
    book_publisher nvarchar(50) NOT NULL,
    interview_times smallint NOT NULL,
    price money NOT NULL,
    CONSTRAINT un_isbn UNIQUE (book_isbn)
)
GO
```

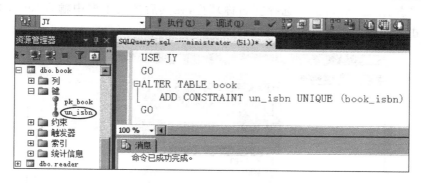

图 4-12　图书表 book 添加唯一性约束 un_isbn

2. 使用 ALTER TABLE 语句添加唯一性约束

将图书表 book 中的 book_isbn 列设置为唯一性约束,约束名为 un_isbn。在"对象资源管理器"中可以看到在"键"选项多了一个唯一性约束 un_isbn,如图 4-12 所示。

```
USE JY
GO
ALTER TABLE book
    ADD CONSTRAINT un_isbn UNIQUE (book_isbn)
GO
```

3. 使用 SQL Server Management Studio 创建唯一性约束

在 SQL Server Management Studio 中创建唯一性约束的步骤如下。

（1）启动 SQL Server Management Studio，连接到本地默认实例，在"对象资源管理器"窗口中依次展开"数据库"→JY→"表"选项。

（2）右击 book 表，在弹出的快捷菜单中选择"设计"命令。

（3）单击工具栏上的"管理索引和键"按钮 💼，打开"索引/键"对话框，如图 4-13 所示。单击"添加"按钮。

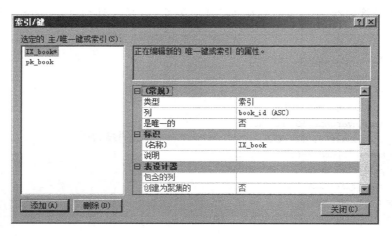

图 4-13 "索引/键"对话框

（4）在"索引/键"对话框中选择"（名称）"行，在其后的文本框中输入"un_isbn"；选择"列"行，单击其右侧的 ⋯ 按钮，如图 4-14 所示。

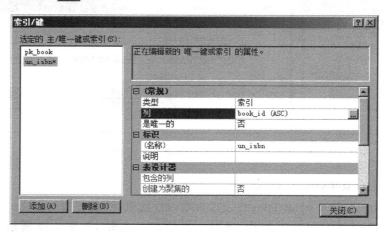

图 4-14 "索引/键"对话框

（5）弹出"索引列"对话框，选择"列名"下拉列表框中的 book_isbn 选项，排序方式为默认的升序，如图 4-15 所示。设置完毕后，单击"确定"按钮，关闭"索引列"对话框。

（6）返回"索引/键"对话框，单击"关闭"按钮，如图 4-16 所示。单击工具栏上的"保存"按钮，完成添加唯一约束的操作。

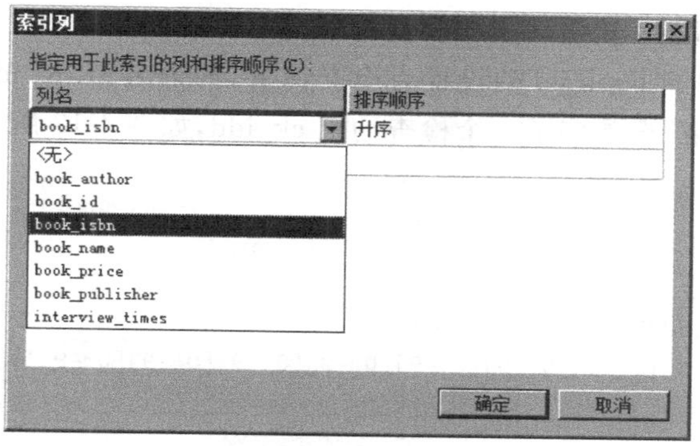

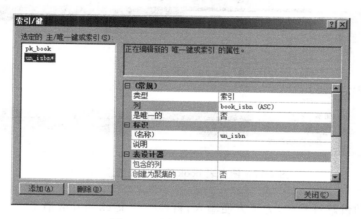

图 4-15 "索引列"对话框

图 4-16 "索引/键"对话框

任务 4.4　创建检查约束

检查约束用于对输入列的值设置检查条件,限制不符合条件的数据输入,从而维护数据的完整性。

1. 使用 CREATE TABLE 语句创建检查约束

以读者表 reader 为例,创建新数据表的同时创建检查约束。

```
USE JY
GO
CREATE TABLE reader
(
    reader_id char(8) NOT NULL,
    reader_name nvarchar(50) NOT NULL,
    reader_sex char(2) NOT NULL,
    reader_department nvarchar (60) NOT NULL,
    CONSTRAINT ck_idd CHECK
    (reader_id like '[0~9][0~9][0~9][0~9][0~9][0~9][0~9][0~9]')
)
GO
```

实施数据完整性规则

2. 使用 ALTER TABLE 语句添加检查约束

将图书表 book 中的 book_id 列设置为检查约束，约束名为 ck_idd。在"对象资源管理器"中可以看到在"约束"选项多了一个检查约束 ck_idd，如图 4-17 所示。

```
USE JY
GO
ALTER TABLE book
ADD CONSTRAINT ck_idd CHECK
(book_id like '[0～9][0～9][0～9][0～9][0～9][0～9][0～9][0～9]')
GO
```

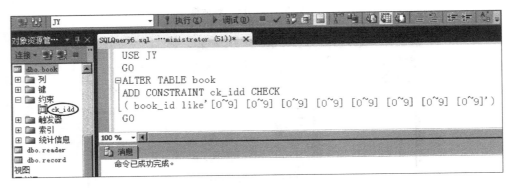

图 4-17　图书表 book 添加检查约束 ck_idd

后续内容的讲解过程中，为了方便输入，将检查约束 ck_idd 取消了。

3. 使用 SQL Server Management Studio 创建检查约束

在 SQL Server Management Studio 中创建检查约束的步骤如下。

(1) 启动 SQL Server Management Studio，连接到本地默认实例，在"对象资源管理器"窗口中依次展开"数据库"→JY→"表"选项。

(2) 右击读者表 reader，在弹出的快捷菜单中选择"设计"命令。

(3) 单击工具栏上的"管理 CHECK 约束"按钮▣，打开"CHECK 约束"对话框，如图 4-18 所示。

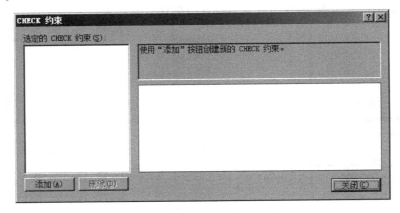

图 4-18　"CHECK 约束"对话框

（4）单击"添加"按钮,在"表达式"行后面的文本框输入"reader_id like '[0～9][0～9][0～9][0～9][0～9][0～9][0～9][0～9]'";在"(名称)"行后面的文本框中输入约束名"ck_idr"。单击"关闭"按钮,如图 4-19 所示。

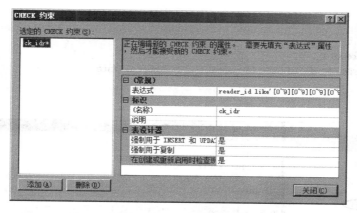

图 4-19 "CHECK 约束"对话框

（5）设置完毕后,单击工具栏上的"保存"按钮,创建结果如图 4-20 所示。

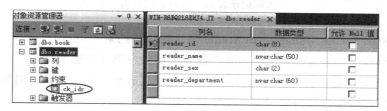

图 4-20 读者表 reader 添加检查约束 ck_idr

任务 4.5 创建默认值约束

默认值约束用于指定列的默认值。当用户没有对某一列输入数据时,则将所定义的默认值提供给该列。

1. 使用 CREATE TABLE 语句创建默认值约束

以借阅记录表 record 为例,创建新数据表的同时创建默认值约束。

```
USE JY
GO
CREATE TABLE record
(
    reader_id char(8) NOT NULL,
    book_id char(8) NOT NULL,
    borrow_date date NOT NULL DEFAULT getdate( ),
    return_date date NOT NULL,
    notes nvarchar(50)
)
GO
```

实施数据完整性规则

2. 使用 ALTER TABLE 语句添加默认值约束

将借阅记录表 record 中的 borrow_date 列设置为默认值约束,约束名为 df_bd。在"对象资源管理器"中可以看到在"约束"选项多了一个默认值约束 df_bd,如图 4-21 所示。

```
USE JY
GO
ALTER TABLE record
    ADD CONSTRAINT df_bd DEFAULT getdate( ) FOR borrow_date
GO
```

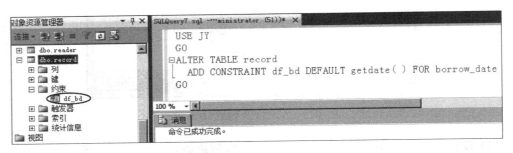

图 4-21　借阅记录表 record 添加默认值约束 df_bd

3. 使用 SQL Server Management Studio 创建默认值约束

在 SQL Server Management Studio 中创建默认值约束的步骤如下。

(1) 启动 SQL Server Management Studio,连接到本地默认实例,在"对象资源管理器"窗口中依次展开"数据库"→JY→"表"选项。

(2) 右击借阅记录表 record,在弹出的快捷菜单中选择"设计"命令,弹出"表设计器"窗口。

(3) 在"表设计器"窗口选中 borrow_date 列,在"列属性"选项卡中的"默认值或绑定"文本框中添加"getdate( )",如图 4-22 所示。单击工具栏上的"保存"按钮。

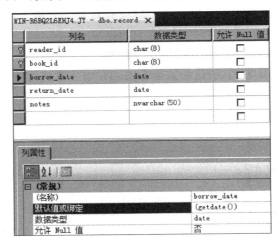

图 4-22　借阅记录表 record"表设计器"窗口

任务4.6 删除约束

删除约束除了使用 SQL Server Management Studio 外,也可以使用 ALTER TABLE 语句删除已创建的约束。要注意的是,在删除主键约束时,必须首先删除外键约束。

1. 使用 SQL Server Management Studio 删除约束

在 SQL Server Management Studio 中删除约束的步骤如下。

(1) 启动 SQL Server Management Studio,连接到本地默认实例,在"对象资源管理器"窗口中依次展开"数据库"→JY→"表"选项。

(2) 右击要删除约束的数据表,在弹出的快捷菜单中选择"设计"命令,弹出"表设计器"窗口。

(3) 右击"表设计器"窗口中任意一行,在弹出的快捷菜单中选择"关系"命令,弹出"外键关系"对话框,在该对话框中可删除外键约束,如图4-23所示。

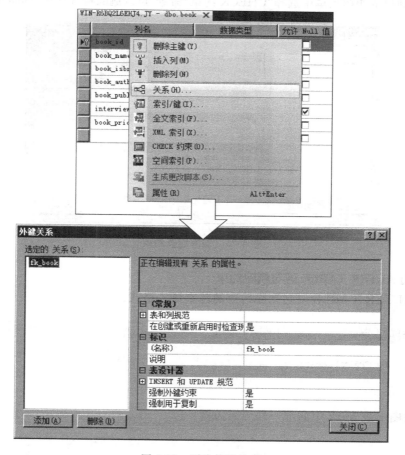

图4-23 删除外键约束

(4) 在弹出的快捷菜单中选择"索引/键"命令,则弹出"索引/键"对话框,在该对话框中可以删除主键约束和唯一性约束,如图4-24所示。

实施数据完整性规则

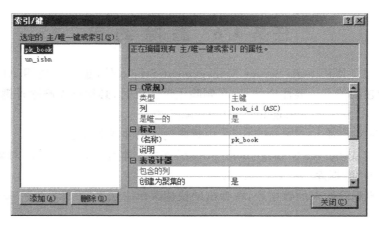

图 4-24　删除主键约束和唯一性约束

（5）在弹出的快捷菜单中选择"CHECK 约束"命令，可以删除检查约束，如图 4-25 所示。

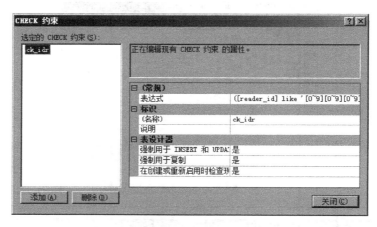

图 4-25　删除检查约束

2. 使用 ALTER TABLE 语句删除约束

使用 ALTER TABLE 语句删除约束的基本语法格式：

```
ALTER TABLE [ database_name . ] table_name
(
    DROP CONSTRAINT constraint_name
)
```

以删除图书表 book 中的唯一性约束为例：

```
USE JY
GO
ALTER TABLE book
DROP CONSTRAINT un_isbn
GO
```

任务 4.7 　使用标识列实施数据的完整性

在一个数据表中如果没有一个明显的主键列,可以设置一个标识列来确保表中不会出现重复记录。标识列用 IDENTITY 属性建立。

(1) 一个表只能有一列定义为 IDENTITY 属性,而且该列的数据类型必须为数值型。

(2) 标识列不允许空值,也不能有检查约束。

(3) 对经常进行删除操作的表尽量不要使用标识列,因为删除操作会使标识列的值出现不连续。

(4) SQL Server 通过递增种子值(初值)的方法自动生成下一个标识值。可指定种子和增量值,二者的默认值为 1,即如果种子值(初值)为 1,增量为 1,则第一行数据的标识列值自动生成 1。对于后续行数据的标识列值,系统自动生成前一行的标识列值加上增量,不需要人工输入标识列值。

1. 定义标识列的基本语法格式

列名 数据类型 IDENTITY [(种子,增量)]

2. 创建标识列

以借阅记录表 record 为例,增加一个编号列 record_id,将其定义为标识列,初值为 1,增量为 1。

```
USE JY
GO
ALTER TABLE record
    ADD record_id int IDENTITY(1,1)
GO
```

项目小结

(1) SQL Server 2012 主要有 5 类约束:主键约束(PRIMARY KEY)、外键约束(FOREIGN KEY)、唯一性约束(UNIQUE)、检查约束(CHECK)、默认值约束(DEFAULT)。

(2) 除了使用 SQL Server Management Studio 创建约束外,也可以使用 CREATE TABLE 语句创建新数据表时设置约束,或者使用 ALTER TABLE 语句为已经存在的数据表创建约束。

(3) 删除约束使用 SQL Server Management Studio 或者使用 ALTER TABLE 语句。

(4) 在一个数据表中如果没有一个明显的主键列,可以使用 IDENTITY 属性设置标识列来确保表中不会出现重复记录。

课程实训

在学生选课系统 xk 的实训中,完成:

(1) 规划 xk 系统的数据完整性规则的解决方案,如表 4-4 所示。

表 4-4　数据完整性规划表

表　名	列　名	列　的　约　束	
课程表	course_id	Primary Key	
	course_name	Unique	
	teacher_name	Default	
	department_id	Foreign Key	
系部表	department_id	Primary Key	
选修表	student_id	Primary Key	Foreign Key
	course_id		Foreign Key
学生表	student_id	Primary Key、Check	
	class_id	Foreign Key	
班级表	class_id	Primary Key	
	department_id	Foreign Key	

（2）按照解决方案在 xk 数据库中创建数据表的约束。

（3）对学生表的 student_id 列创建检查约束，只允许是 8 位数字，并且不能是 8 个 0。

 思考练习

（1）保证数据完整性有哪些技术？分别保证了数据的哪些完整性？

（2）唯一性约束与主键约束的区别是什么？

（3）主键约束和外键约束的区别是什么？

（4）检查约束的主要作用是什么？

（5）标识列的使用时机是什么？

项目 5　管理数据

项目目标

（1）会使用 SQL Server Management Studio 进行数据的插入、修改、删除。
（2）会使用 Transact-SQL 语句进行数据的插入、修改、删除。

项目陈述

数据库中必须有数据才能使用，存储在系统中的数据是数据库管理系统的核心。创建了数据表之后，还需要向数据表中输入数据，或者修改、删除数据表中的数据。

任务 5.1　向数据表中添加数据

任务 5.2　更新数据表中的数据

任务 5.3　删除数据表中的数据

项目准备

管理数据表中的数据主要是指对数据表中的数据进行修改性操作，包括插入、删除和更新。

（1）插入 INSERT 是指向表中插入一个或多个记录的操作。

（2）删除 DELETE 是指从表中删除一个或多个记录的操作。

（3）更新 UPDATE 是指更改表中记录的列值的操作。

对比项目 3 可知，CREATE、ALTER、DROP 命令用于数据表结构的创建、修改、删除；INSERT、UPDATE、DELETE 命令则用于数据表内容的插入、修改、删除。

可以使用 SQL Server Management Studio 和 Transact-SQL 对数据进行编辑，但使用 Transact-SQL 对数据进行编辑时，更具有灵活性。在对数据表中的数据进行编辑时，一定要遵守定义数据表结构时的数据类型以及各种约束，否则将无法编辑数据。

为了保证数据的安全性，只有系统管理员（sa）、数据库所有者（dbo）、数据库对象的所有者以及被授予权限的用户才能管理数据库中的数据。

课前小测

1. 下面语句可以实现批量写入（写入记录数大于等于 2）数据的是（　　）。

A. INSERT INTO 学生表 VALUES('1001','张杰')

B. SELECT ＊ FROM 学生表

  C. INSERT INTO 学生表 SELECT ＊ FROM 学生表 2

  D. INSERT INTO 学生表 SELECT ＊ FROM 学生表

2. SQL Server 中清空数据表的命令是（　　　）。

  A. DELETE   B. CLEAR   C. UPDATE   D. TRUNCATE

3. 有关数据的更新、删除、插入，下列叙述不正确的是（　　　）。

  A. 一条 SQL 语句可以修改一个表中的多条元组

  B. 一条 SQL 语句可以对多个表进行更新操作

  C. 一条 SQL 语句只能对一个表进行更新操作

  D. 一条 SQL 语句可以在一个表中插入多条元组

4. 若在学生表中增加身份证号列，可用（　　　）。

  A. ADD TABLE 学生表（身份证号 CHAR(18)）

  B. ADD TABLE 学生表 ALTER（身份证号 CHAR(18)）

  C. ALTER TABLE 学生表 ADD（身份证号 CHAR(18)）

  D. ALTER TABLE 学生表（ADD 身份证号 CHAR(18)）

5. 若在学生表中删除身份证号列，可用（　　　）。

  A. DELETE TABLE 学生表（身份证号 CHAR(18)）

  B. DELETE TABLE 学生表 DELETE 身份证号

  C. ALTER TABLE 学生表 DELETE 身份证号

  D. ALTER TABLE 学生表 DROP 身份证号

 项目实施

本项目要使用的图书借阅数据库系统 JY 中数据表的内容如表 5-1～表 5-3 所示。

表 5-1　图书表

book_id	book_name	book_isbn	book_author	book_publisher	interviews_times	book_price
b0001	SQL Server 2012 宝典	978-7-121-22013-5	廖梦怡	电子工业出版社	18	89.00
b0002	职称英语专用教材	978-7-121-14800-2	孙若红	电子工业出版社	35	45.00
b0003	中国通史	978-7-5388-53155	于海娣	黑龙江科学技术出版社	25	68.00
b0004	丰子恺儿童文学选集	978-7-5007-8972-7	丰子恺	中国少年儿童出版社	40	22.50
b0005	英语同义词辨析词典	978-7-5135-2294-6	赵同水	外语教学与研究出版社	6	55.00
b0006	数据库基础与应用	978-7-304-06430-3	徐孝凯	中央广播电视大学出版社	5	35.00
b0007	微积分初步	978-7-304-03742-0	赵坚	中央广播电视大学出版社	4	17.00
b0008	ASP．NET 从入门到精通	978-7-302-28753-7	明日科技	清华大学出版社	27	89.80

表 5-2　读者表

reader_id	reader_name	reader_sex	reader_department
r0001	李德海	男	信息工程系
r0002	柳承运	男	信息工程系
r0003	安歌	女	涉外教育系
r0004	谢嫣然	女	涉外教育系
r0005	陈静玉	女	涉外教育系
r0006	李媛媛	女	经济管理系
r0007	胡锦波	男	经济管理系
r0008	蔡明伟	男	行政管理系

表 5-3　借阅记录表

reader_id	book_id	borrow_date	return_date	notes
r0001	b0003	2014-01-12	2014-01-12	NULL
r0001	b0005	2014-01-26	2014-06-21	NULL
r0004	b0001	2014-03-02	2014-04-20	NULL
r0004	b0008	2014-03-26	2014-05-28	NULL
r0006	b0001	2014-04-16	2014-07-11	NULL
r0007	b0006	2014-05-08	2014-09-17	NULL
r0008	b0008	2014-06-29	2014-08-29	NULL
r0008	b0007	2014-08-15	2014-10-21	NULL

为了简化输入,本项目将项目 4 设置的图书表 book 的 book_id 列和读者表 reader 的 reader_id 列的检查约束取消了。

任务 5.1　向数据表中添加数据

1. 使用 SQL Server Management Studio 查看记录

在 SQL Server Management Studio 中可以很直观地查看记录,精确定位到某一条记录,也可以返回若干条记录,具体步骤如下。

(1)启动 SQL Server Management Studio,连接到本地默认实例,在"对象资源管理器"窗口中依次展开"数据库"→JY→"表"选项。

(2)右击 book 表,在弹出的快捷菜单中选择所需要的命令,例如,选择"编辑前 200 行"命令,则打开窗口右侧的"结果"窗格,显示数据表中的记录内容,如图 5-1 所示。

2. 使用 INSERT 语句插入数据

使用 INSERT 语句向数据表中插入新的数据记录,一般有两种方式:第一种是直接向表中插入记录;第二种是向表中插入一个查询结果。

(1)直接插入记录的 INSERT 语句的基本语法格式:

```
INSERT [INTO] table_name [column_list]  -- column_list 指定要插入数据的列名表
VALUES(values_list)           -- values_list 给出与 column_list 中的每个列名相对应的列值
```

例 1　以读者表 reader 为例,插入单行记录。

① 启动 SQL Server Management Studio,连接到本地默认实例,在"查询编辑器"窗口

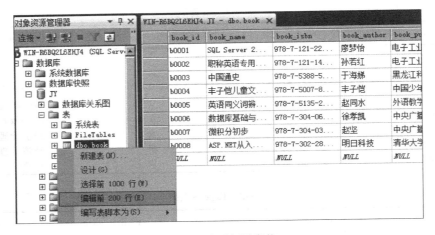

图 5-1　查看记录窗格

输入向读者表 reader 插入新记录的 INSERT 语句如下。

```
USE JY
GO
INSERT INTO reader    -- 按照数据表中定义时列的顺序依次给出所有列的值，可以省略列名列表
VALUES('r0001','李德海','男','信息工程系');
  -- 列名顺序可以与数据表定义时的顺序不同。但列值顺序必须与给定的列名顺序相同
INSERT INTO reader (reader_name,reader_id,reader_sex,reader_department)
VALUES( '柳承运','r0002','男','信息工程系');
SELECT * FROM reader
GO
```

② 单击"执行"命令，即可成功向读者表 reader 插入新记录，如图 5-2 所示。

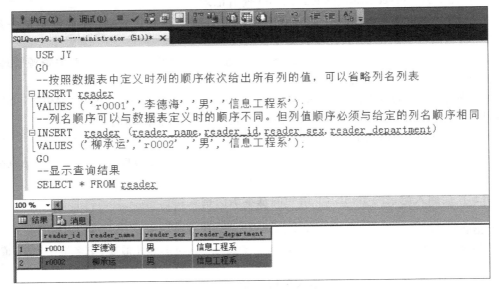

图 5-2　插入单行记录的查询结果

例 2 以读者表 reader 为例,插入多行记录。

① 启动 SQL Server Management Studio,连接到本地默认实例,在"查询编辑器"窗口输入向读者表 reader 插入多行新记录的 INSERT 语句如下。

```
USE JY
GO
INSERT INTO reader
VALUES
('r0003','安歌','女','涉外教育系'),
('r0004','谢嫣然','女','涉外教育系'),
('r0005','陈静玉','女','涉外教育系'),
('r0006','李媛媛','女','经济管理系'),
('r0007','胡锦波','男','经济管理系'),
('r0008','蔡明伟','男','行政管理系');
GO
SELECT * FROM reader
GO
```

② 单击"执行"命令,即可成功向读者表 reader 插入多行新记录,如图 5-3 所示。

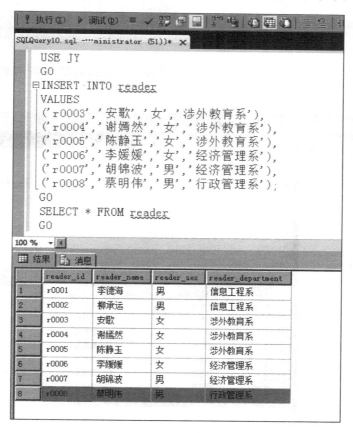

图 5-3 插入多行记录的查询结果

（2）将查询结果插入到数据表中的 INSERT 语句的基本语法格式如下：

```
INSERT [INTO] table_name [column_list]
SELECT column_list
FROM table_name
```

或者使用 SELECT INTO 语句将 SELECT 语句的查询结果保存在当前数据库中并不存在的一个新表中，SELECT INTO 语句会自动创建这个新表。

例 3 采用 SELECT INTO 语句将对读者表 reader 的查询结果插入到新表 reader1 中。

① 启动 SQL Server Management Studio，连接到本地默认实例，在"查询编辑器"窗口中输入采用 SELECT INTO 语句将对读者表 reader 的查询结果插入到新表 reader1 中的 INSERT 语句如下。

```
USE JY
GO
SELECT reader_id,reader_name,reader_sex,reader_department
INTO reader1
FROM reader
GO
SELECT * FROM reader1
GO
```

② 单击"执行"命令，即可成功生成新数据表 reader1，并插入所有新记录，如图 5-4 所示。

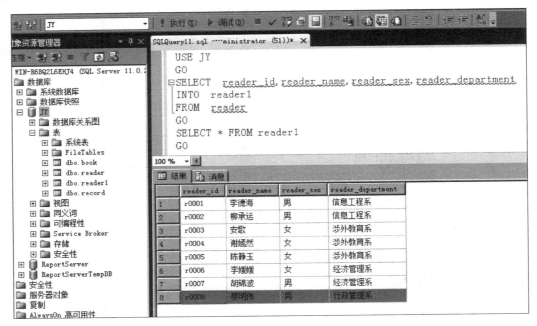

图 5-4 将查询结果插入到新生成数据表的运行结果

3. 使用 SQL Server Management Studio 插入数据

在 SQL Server Management Studio 中插入数据的步骤如下。

（1）启动 SQL Server Management Studio，连接到本地默认实例，在"对象资源管理器"窗口中依次展开"数据库"→JY→"表"选项。

（2）右击 book 表，在弹出的快捷菜单中选择"编辑前 200 行"命令，则打开窗口右侧的"结果"窗格，显示数据表中的记录内容，如图 5-5 所示。

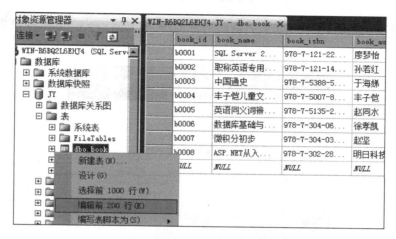

图 5-5　插入数据的"结果"窗格

（3）此时直接添加数据即可。

按照上述方法步骤，添加其他各个数据表的数据，本项目就不再赘述。

任务 5.2　更新数据表中的数据

可以使用 SQL Server Management Studio 和 UPDATE 语句更新数据表数据。

1. 使用 UPDATE 语句

使用 UPDATE 语句更新数据表中已经存在的数据，可以一次更新一行数据，也可以一次更新多行数据，甚至可以一次更新数据表中的所有数据，形式灵活。

UPDATE 语句的基本语法格式如下：

```
UPDATE table_name
 -- col_name 为需要更新数据的列名
 -- value 为更新值
SET col_name1 = value1, col_name2 = value2, col_name3 = value3,...
FROM table_name
WHERE search_condition        -- 指定更新数据需要满足的条件
```

例 4　将图书表 book 中 interviews_times 列的值改为 0。

（1）启动 SQL Server Management Studio，连接到本地默认实例，在"查询编辑器"窗口输入更新图书表 book 的 interviews_times 列值为 0 的语句如下：

88

```
USE JY
GO
UPDATE book
SET interview_times = '0'
GO
SELECT * FROM book
GO
```

（2）单击"执行"命令，即可成功更新图书表 book 的 interviews_times 列值为 0，如图 5-6 所示。

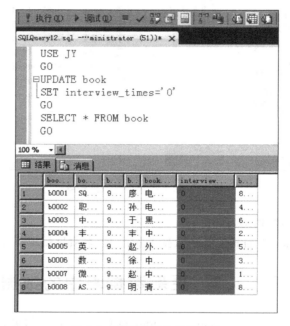

图 5-6　更新数据的查询结果

例 5　更新图书表 book 中"电子工业出版社"的 interviews_times 列值为 10。

（1）启动 SQL Server Management Studio，连接到本地默认实例，在"查询编辑器"窗口输入更新图书表 book 中"电子工业出版社"的 interviews_times 列值为 10 的语句如下。

```
USE JY
GO
UPDATE book
SET interview_times = '10'
FROM book
WHERE book_publisher = '电子工业出版社'
GO
SELECT * FROM book
GO
```

（2）单击"执行"命令，即可成功更新 interviews_times 列的值为 10，如图 5-7 所示。

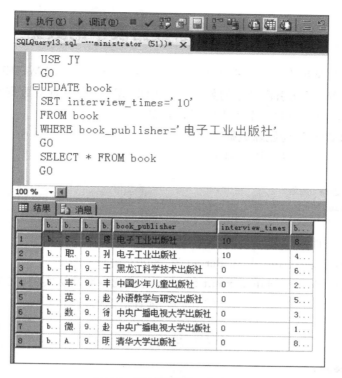

图 5-7　更新数据的查询结果

2. 在 SQL Server Management Studio 中更新数据

（1）启动 SQL Server Management Studio，连接到本地默认实例，在"对象资源管理器"窗口中依次展开"数据库"→JY→"表"选项。

（2）右击 book 表，在弹出的快捷菜单中选择"编辑前 200 行"命令，则打开窗口右侧的"结果"窗格，和插入数据的显示内容一样，如图 5-8 所示。

（3）此时直接更新数据即可。

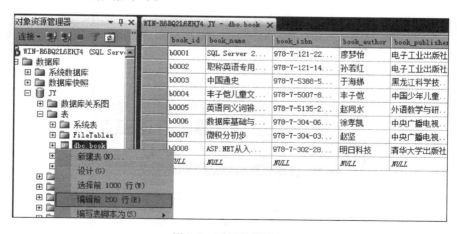

图 5-8　更新数据窗口

管理数据

任务 5.3　删除数据表中的数据

DELETE 语句是用来删除数据表中的一条或多条记录。可用 WHERE 子句指定删除条件，也可用 FROM 子句引出其他的数据表，为 DELETE 命令删除数据提供条件。此外，TRUNCATE 语句用于删除数据表中的所有数据。

1. 使用 DELETE 语句删除数据

1）DELETE 语句的基本语法格式

```
DELETE FROM table_name
[WHERE condition]              -- 指定删除的条件
```

2）删除指定条件的记录

例 6　删除读者表 reader 中 reader_id 为"r0003"的读者信息。

（1）启动 SQL Server Management Studio，连接到本地默认实例，在"查询编辑器"窗口输入删除读者表 reader 中 reader_id 为"r0003"读者信息的语句如下。

```
USE JY
GO
DELETE FROM reader
WHERE reader_id = 'r0003'
GO
SELECT * FROM reader
GO
```

（2）单击"执行"命令，即可成功删除，如图 5-9 所示。

图 5-9　删除数据的查询结果

3）删除数据表中的所有记录

使用不带 WHERE 子句的 DELETE 语句可以删除数据表中的所有数据。

例 7　删除数据表 reader1 的所有数据。

（1）启动 SQL Server Management Studio，连接到本地默认实例，在"查询编辑器"窗口输入删除表 reader1 中所有数据的语句如下。

```
USE JY
GO
SELECT * FROM reader1
GO
DELETE FROM reader1
GO
SELECT * FROM reader1
GO
```

（2）单击"执行"命令，即可成功删除，如图 5-10 所示。

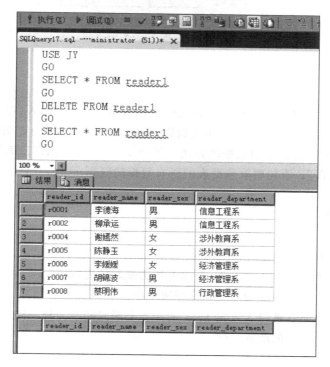

图 5-10　执行删除命令前后的结果对比

2. TRUNCATE 语句

TRUNCATE 语句用于删除数据表中的所有数据，并且执行速度比 DELETE 语句更快。事务日志文件将记录 DELETE 语句的每一个操作，但是，事务日志文件不记录 TRUNCATE 语句的任何操作，也就是说用 TRUNCATE 语句删除的数据将无法恢复。TRUNCATE 语句的基本语法格式：

项
目
5

管理数据

```
TRUNCATE TABLE table_name
```

3. 在 SQL Server Management Studio 中删除数据

（1）启动 SQL Server Management Studio，连接到本地默认实例，在"对象资源管理器"窗口中依次展开"数据库"→JY→"表"选项。

（2）右击 book 表，在弹出的快捷菜单中选择"编辑前 200 行"命令，则打开窗口右侧的"结果"窗格，和插入数据的显示内容一样。

（3）在"结果"窗格中右击要删除的记录，在弹出的快捷菜单中选择"删除"命令，然后在弹出的"警告"对话框中单击"是"按钮，如图 5-11 所示，完成删除操作。

图 5-11 "警告"对话框

项目小结

本项目介绍了在 SQL Server Management Studio 中查看、插入、更新、删除数据的方法，以及使用 INSERT 语句向数据表插入数据、使用 UPDATE 语句更新数据表的数据、使用 DELETE 语句删除数据表的数据的方法。还介绍了使用 DELETE 语句删除数据表的数据和使用 TRUNCATE 语句删除数据表的所有数据的区别。

课程实训

在学生选课系统 xk 的实训中，完成：

（1）完善课程表、班级表、学生表、系部表和选修表的内容。

（2）将课程表中前 5 项记录复制到课程表 1 中。

（3）将选修表中所有选课人数大于 30 的课程上课时间改为周三晚上。

（4）删除课程表 1 中的所有数据。

思考练习

（1）能否同时插入多条记录？

（2）能否同时更新和删除多条记录？如何通过 Transact-SQL 语句实现？

（3）DELETE 语句和 TRUNCATE 语句的异同点是什么？

项目 6　　Transact-SQL 基础

项目目标

(1) 掌握 Transact-SQL 中标识符、常量、变量、表达式和运算符的使用方法。
(2) 掌握 Transact-SQL 中流程控制语句的使用方法。
(3) 掌握 Transact-SQL 中的常用函数。
(4) 掌握常用的系统存储过程。
(5) 会运用 Transact-SQL 编写程序代码。

项目陈述

在前面的章节中,介绍了使用 Transact-SQL 操纵数据库、数据表的方法,使用这些方法可以方便灵活地访问 SQL Server 数据库。然而,只使用 Transact-SQL 来操纵数据是远远不够的。现在,需要使用 SQL Server 编写一些程序,完成更强大的功能。

任务 6.1　简单的数据库编程
任务 6.2　带分支结构的数据库编程
任务 6.3　带循环结构的数据库编程

项目准备

6.1　Transact-SQL 概述

SQL 是结构化查询语言(Structured Query Language)的简称,用于存取数据以及查询、更新和管理关系数据库系统。与 VB、VC、Java 等编程语言不同,它侧重于对数据的操纵以及对数据库的管理。

SQL 是 1986 年 10 月由美国国家标准局(ANSI)推出的数据库语言标准。国际标准化组织于 1989 年 4 月提出了 SQL89 标准,1992 年 11 月又公布了 SQL92 标准。

SQL 集数据定义 DDL、数据操纵 DML 和数据控制 DCL 于一体。

(1) 数据定义语言(Data Definition Language,DDL):用于创建数据库和数据库对象,包括创建(CREATE)、修改(ALTER)和删除(DROP)。

(2) 数据操纵语言(Data Manipulation Language,DML):用于操纵数据表或视图中的数据,包括查询(SELECT)、插入(INSERT)、修改(UPDATE)和删除(DELETE)。

（3）数据控制语言（Data Control Language，DCL）：用来设置、更改用户或角色的权限，执行有关安全管理的操纵，包括对用户授予权限（GRANT）、收回已授予的用户权限（REVOKE）。

SQL 具有两种使用方式：直接以命令方式交互使用或嵌入高级语言中使用，例如，可以嵌入到 C、C++、FORTRAN、Cobol、Java 等主语言中使用。

各种不同的数据库对 SQL 的支持与标准存在细微不同。微软公司对 Microsoft SQL Server 数据库的内置语言进行了部分扩充而成为作业用的 SQL，即 Transact-SQL，简称为 T-SQL。对 SQL Server 而言，任何对数据库的操作，最终都将转化为 Transact-SQL 命令，即 Transact-SQL 是 SQL Server 唯一认知的语言。

6.2　Transact-SQL 的使用约定

T-SQL 规定了一系列规范，包括语法格式约定、对象引用的规范和注释的规范等。

6.2.1　语法格式约定

T-SQL 语法格式约定见表 6-1。

表 6-1　T-SQL 语法格式约定

约　　定	用　　于
大写	Transact-SQL 关键字
斜体或小写字母	Transact-SQL 语法中需用户提供的参数
粗体	数据库名、表名、列名、索引名、存储过程、实用程序、数据类型名以及必须所显示的原样输入的文本
|（竖线）	分隔括号或大括号中的语法项，只能使用其中一项
[ ]（方括号）	可选项，不必输入方括号
{ }（大括号）	必选项，不必输入大括号
（）（小括号）	语句的组成部分，必须输入
[，… n]	表示前面的项可重复 n 次，项与项之间用逗号分隔
[… n]	表示前面的项可重复 n 次，项与项之间用空格分隔
<label>::=	语法块的名称。此约定用于对可在语句中的多个位置使用的过长语法段或语法单元进行分组和标记

6.2.2　对象引用的规范

数据库包括表、视图和存储过程等对象，对数据库对象名的引用，有以下几种格式。

```
server_name . [database_name ] . [ schema_name ] .object_name
| database_name . [ schema_name ] .object_name
| schema_name .object_name
| object_name
```

其中：

（1）server_name 用于指定连接的服务器名称或远程服务器名称；

（2）database_name 用于指定包含数据库对象的数据库名称；

（3）schema_name 用于指定包含数据库对象的架构名称；

（4）object_name 用于指定引用的数据库对象的名称。

引用某个特定对象时，如果能够确保找到对象，则不必总是指定服务器、数据库和架构。如果找不到对象，则返回错误消息。若省略中间级节点，需要使用句点来表示这些位置，例如：

server_name ...object_name 表示省略数据库和架构名称的数据库对象引用格式。

在什么情况下可以将数据库对象的引用简写呢？一般来说，有以下几种情况可以简写。

（1）当要访问的数据库对象与正在使用的数据库不在同一台服务器上，那么就一定要指定 server 名称。

（2）当要访问的数据库对象与正在使用的数据库在同一台服务器上，但不在同一个数据库中时，那么可以省略 server 名称，但一定要指定 database 名称。

（3）当要访问的数据库对象属于正在使用的数据库时，那么可以省略 server 名称和 database 名称，但要指定 schema 名称。

（4）当要访问的数据库对象属于正在使用的架构时，那么就可以只写 object 名称。

6.2.3 注释的规范

注释是程序代码中不执行的文本字符串。使用注释对代码进行说明，便于将来对程序代码进行维护。SQL Server 支持单行注释和批注释。

单行注释：使用"--"作为注释符，从"--"开始到行尾的内容均为注释。

批注释：开始注释符为"/ * "，结束注释符为" * /"。开始注释符与结束注释符之间的所有内容均视为注释。

6.3 Transact-SQL 的语法元素

Transact-SQL 语句主要包括关键字、标识符、数据类型、运算符、表达式、函数、注释、流程控制语言以及错误处理语言等语法元素。

例1 认识 Transact-SQL 语句的语法元素。

```
-- 以"--"开始一条注释语句，执行 Transact - SQL 语句时会略过注释语句。
-- 程序代码中"DECLARE"、"SET"、"SELECT"、"PRINT"、"GO"是关键字。
DECLARE @x int , @y int , @sum int        -- 程序代码中"int"是数据类型
SET @x = 2014                             -- 程序代码中" + "、" = "是运算符
SET @y = 2015                             -- 程序代码中"x"、"y"、"sum"是标识符
SELECT @sum = @x + @y                     -- 程序代码中"@sum = @x + @y"是表达式
PRINT @sum
GO
```

6.3.1 保留关键字

保留关键字是 SQL Server 使用的 Transact-SQL 语法的一部分，用于分析和理解

Transact-SQL 基础

Transact-SQL 语句和批处理,SQL Server 中的所有对象的名称不能使用保留字。如果必须使用保留字,则在保留字中使用分隔标识符。例如,ORDER 是 SQL Server 的保留字,如果必须使用 ORDER 作为某一表格的属性,则在 SQL Server 语句中使用[ORDER]表示该属性。

6.3.2　标识符

标识符是 SQL Server 中的所有对象,诸如表、视图、列、存储过程、触发器、数据库和服务器等的名称。对象标识符在定义对象时创建,随后用于引用该对象。SQL Server 的标识符分为常规标识符和分隔标识符两类。标识符的长度不能超过 128。

1. 常规标识符

例 2　使用 USE 语句将 JY 数据库切换为当前数据库。

```
USE JY -- "JY"就是常规标识符
GO
```

常规标识符是指符合标识符格式规则的标识符:

(1) 第一个字符必须是下列字符之一:所有 Unicode 2.0 标准中规定的字符,包括英文字母 a~z 和 A~Z,或者其他语言的字符(例如汉字)、"_"、"@"、"#"。

(2) 后续字符可以是所有 Unicode 2.0 标准中规定的字符,包括英文字母 a~z 和 A~Z,或者其他语言的字符(例如汉字)、十进制数字 0~9、"_"、"@"、"#"、"$"。

(3) 不能使用保留关键字。如果必须使用保留关键字,则在保留关键字中使用界定符。

(4) 不允许嵌入空格或其他特殊字符。

2. 分隔标识符

分隔标识符是指使用双引号""或方括号[]等界定符进行位置限定的标识符。不符合常规标识符格式规则的标识符都必须使用界定符进行位置限定。

例 3　分隔标识符的使用。

```
/* 字符 my 和 test 之间有空格,my test 不能作为标识符。添加了界定符的"my test"或[my test]才
能用作标识符 */
USE [my test]
GO
```

3. 特殊标识符

某些以特殊字符开头的标识符在 SQL Server 中具有特定的含义。

(1) 以"@"开头的标识符表示局部变量或函数的参数。

(2) 以"@@"开头的标识符表示全局变量。

(3) 以"#"开头的标识符表示临时表或存储过程。

(4) 以"##"开头的标识符表示全局的临时数据库对象。

6.3.3　运算符

在 SQL Server 2012 中,运算符主要有算术运算符、赋值运算符、比较运算符、逻辑运算

符、字符串连接运算符、位运算符和一元运算符 7 大类。

1. 算术运算符

一般用于数值型表达式,包含+(加)、-(减)、*(乘)、/(除,返回商)、%(模除,返回整数余数)。

2. 逻辑运算符

用于判断条件的真假,包括 AND(逻辑与)、OR(逻辑或)、NOT(逻辑非)。

3. 比较运算符

用于判断两个表达式的大小关系,包括=(等于)、>(大于)、<(小于)、>=(大于等于)、<=(小于等于)、<>或!=(不等于)、!>(不大于)、!<(不小于)。

4. 字符串连接运算符

用于将两个或两个以上字符串合并成一个字符串,只有"+"一个运算符。

5. 赋值运算符

通常与 SET 语句或 SELECT 语句一起使用,用来为局部变量赋值,只有"="一个运算符。

6. 位运算符

在表达式的各项之间按位进行运算,可用于 INT、SMALLINT、TINYINT 数据类型。位运算符包括 &(按位与)、|(按位或)、^(按位异或)。

7. 一元运算符

只对一个表达式进行运算,包括+(数值为正)、-(数值为负)、~(按位取反)。

8. 运算符的优先级

当多个运算符参与运算时,会按照优先顺序进行运算。运算符的优先级由高到低排列如下。

+(正号)、-(负号)→ *(乘)、/(除)、%(模除)→+(加)、-(减)、+(连接)→比较运算符→NOT→AND→OR→=(赋值)。

6.3.4 表达式

用运算符和圆括号把变量、常量和函数等运算成分连接起来,就构成了表达式。通常,单个的常量、变量或函数也是一个表达式。

6.4 批 处 理

6.4.1 批处理概述

在 SQL Server 2012 中,可以一次执行多个 Transact-SQL 语句,这样的多个 Transact-SQL 语句称为"批"。SQL Server 将批处理的语句编译为一个可执行单元,将其编译后一次执行。多个批就构成了批处理。

一个批以 GO 为结束标记。GO 不是 Transact-SQL 语句,它是可由 sqlcmd 和 osql 实用工具以及 SQL Server Management Studio 识别的命令。由于批与批之间是独立的,所以,当其中一个批出现错误时,不会影响其他批的运行。

除了 CREATE DATABASE（创建数据库）、CREATE TABLE（创建数据表）和 CREATE INDEX（创建索引）语句之外的其他大多数的 CREATE 语句要单独作为一个批。

下面以实现"创建访问次数大于 3000 的图书信息的视图 v_book，然后显示 book 数据表的信息"功能的程序为例，如图 6-1 所示，通过列举正确和错误的批处理形式来说明批处理的使用方法。

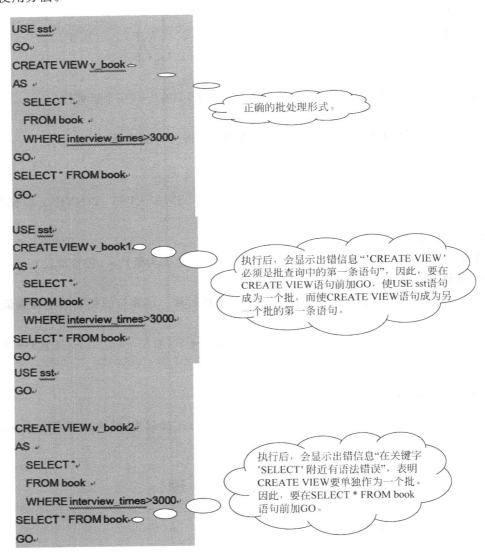

图 6-1　批处理显示结果

6.4.2　脚本

脚本是存储在文件中的一系列 Transact-SQL 语句。Transact-SQL 脚本包含一个或多个批处理。该文件可以在 SQL Server Management Studio 中编写和运行。

6.5 变 量

变量是对应内存中的一个存储空间。变量的值在程序运行进程中可以随时改变。T-SQL 语句中允许使用两种变量:一种是用户自己定义的局部变量;另一种是系统提供的全局变量。

6.5.1 局部变量

局部变量是指用户在程序中定义的变量,其作用范围仅在程序内部,用来保存从表中读取的数据,也可以作为临时变量保存计算的中间结果。变量名必须以"@"开头。局部变量的使用一般包括声明变量、为变量赋值和输出变量值三部分的内容。局部变量必须在同一个批中或过程中被声明和使用,也不能声明与全局变量同名的局部变量。

1. 声明变量

DECLARE 语句用于声明局部变量、游标变量、函数和存储过程等。除非在声明时提供初始值,否则声明之后所有变量都将初始化为 NULL。

声明局部变量的基本语法格式如下:

```
DECLARE @local_variable datatype[ , … ]      -- local_variable: 指定局部变量的名称
```

例如,声明局部变量 @var:

```
DECLARE @var nchar(20)
```

2. 为变量赋值

若为变量赋值,则使用 SET 语句或 SELECT 语句,其基本语法格式如下:

```
SET { @ local_variable = expression }         -- SET 语句一次只能为一个局部变量赋值
SELECT { @local_variable = expression } [ , … ]
/* SELECT 语句可以同时为多个局部变量赋值,但其赋值功能和查询功能不能在同一个 SELECT 语句
中混合使用,可以在一个 Transact-SQL 脚本文件中混合使用。*/
```

例如,声明@var 变量,并为该变量赋值:

```
DECLARE @var nchar(20)
SET @var = '数据库技术及应用'
```

3. 输出变量值

PRINT 语句用于显示字符类数据类型的内容,其他数据类型则必须进行数据类型转换,然后才能在 PRINT 语句中使用。

输出变量值的基本语法格式如下:

```
PRINT @local_variable
```

或

```
SELECT @ local_variable
```

例 4 局部变量的使用。声明 @name 和 @grade 变量，并为变量赋值，然后输出变量值。

（1）启动 SQL Server Management Studio，连接到本地默认实例，在"查询编辑器"窗口输入语句如下。

```
DECLARE @name nchar(10)
DECLARE @grade numeric(3,1)
SET @name = '阿紫'
SET @grade = 90.5
PRINT @name + '的成绩为'
PRINT @grade
GO
```

（2）单击"执行"命令，即可成功声明局部变量并使用，如图 6-2 所示。

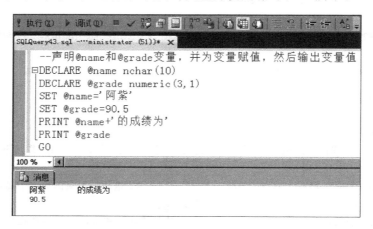

图 6-2　局部变量的使用

例 5 局部变量的使用范围的测试。

（1）启动 SQL Server Management Studio，连接到本地默认实例，在"查询编辑器"窗口输入语句如下。

```
-- 错误语句为：
DECLARE @testvar int
GO
SELECT @testvar = 33
PRINT @testvar
```

```
GO
-- 正确语句为:
DECLARE @testvar int
SELECT @testvar = 33
PRINT @testvar
GO
```

（2）单击"执行"命令,执行结果如图 6-3 所示。

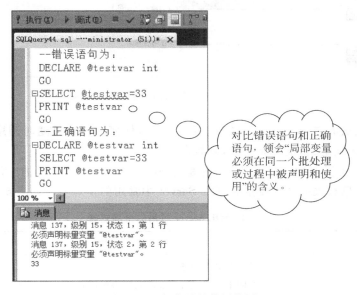

图 6-3　局部变量的使用范围

例 6　局部变量默认值和作用域的测试。

（1）启动 SQL Server Management Studio,连接到本地默认实例,在"查询编辑器"窗口输入语句如下。

```
-- 声明两个变量,测试变量的默认值和作用域
DECLARE @myint int,@mychar char(10)
SELECT @myint AS myint,@mychar AS mychar        -- 查看赋值前变量的默认值
SELECT @myint = 12,@mychar = '默认值'           -- 给变量赋值
SELECT @myint AS myint,@mychar AS mychar        -- 查看赋值后变量的值
GO
SELECT @myint AS myint,@mychar AS mychar        -- 查看作用域外变量的值
GO
```

（2）单击"执行"命令,执行结果如图 6-4 所示。

6.5.2　全局变量

全局变量是指 SQL Server 系统提供且预先声明的变量,它们主要提供当前连接或系统

Transact-SQL 基础

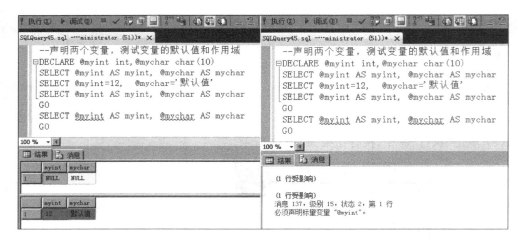

图 6-4 变量的默认值和作用域的测试结果

的信息。全局变量的作用范围并不局限于某一程序，任何程序均可随时调用。全局变量名以"@@"开头，无须定义，也不能修改，只能直接使用。

SQL Server 提供两种全局变量：一种是与 SQL Server 连接有关的全局变量；另一种是与系统内部信息有关的全局变量。SQL Server 中常用的全局变量如表 6-2 所示。

表 6-2 SQL Server 常用的全局变量

全局变量名称	功　　能
@@connections	返回当前服务器的连接
@@rowcount	返回上一条 Transact-SQL 语句影响的数据行数
@@error	返回上一条 Transact-SQL 语句执行后的错误号
@@procid	返回当前存储过程的 ID 号
@@remserver	返回登录记录中远程服务器的名称
@@servername	返回运行 SQL Server 的本地服务器的名称
@@spid	返回当前服务器进程的 ID 标识
@@version	返回当前 SQL Server 服务器的版本和处理器类型

6.6　常　　量

常量是表示一个特定数据值的符号，它的格式取决于它所表示的值的数据类型。Transact-SQL 的常量主要有字符串常量、数值常量、日期和时间常量等几类。

1. 字符串常量

用单引号引起来的一组包含字母（a～z、A～Z）、数字字符（0～9）以及特殊字符的字符串，例如'yy0823'。

2. Unicode 字符串常量

相比普通字符串，前面有一个大写的 N 标识符作为前缀，N 代表 SQL92 标准中的区域语言,例如,'mytest'是字符串常量,N'mytest'则是 Unicode 字符串常量。

3. 二进制常量

具有前缀 0x,并且是十六进制的数字字符串,不使用引号,例如 0x3D。

4. 位常量

使用数字 0 或 1 表示,不使用引号。

5. 整型常量

由没有用引号引起来且不包含小数点的一串整数表示,例如 12。

6. 带有精度的常量

由没有用引号引起来且包含小数点的一串数字表示,例如 3.1415926。

7. float 和 real 常量

使用科学计数法表示的数字,例如 3.14E5。

8. 时间常量

使用特定格式的字符日期值表示,并用单引号引起来,例如 '2014-01-01'。

9. 货币型常量

表示以可选小数点和可选货币符号作为前缀的一串数字字符串,不需使用引号引起来,例如 ￥3.14。

6.7 流程控制语句

在程序的执行过程中,经常需要按照指定的条件进行控制转移或重复执行某些操作。这个过程通过流程控制语句来实现。流程控制语句分为顺序、选择和循环三类,如表 6-3 所示。

表 6-3 流程控制语句

流程控制语句	功能说明	基本语法格式

BEGIN…END	定义语句块	BEGIN
		{
		　　sql_statement | statement_block
		}
		END

IF…ELSE	条件判断语句	IF Boolean_expression 　　{ sql_statement1 | statement_block1 } ［ELSE 　　{ sql_statement2 | statement_block2 }］
CASE	多分支选择语句	CASE［input_expression］ 　　WHEN when_ expression1 THEN result_ expression1 　　［…n］ 　　［ELSE else_result_ expression］ END

Transact-SQL 基础

流程控制语句	功能说明	基本语法格式
WHILE	循环语句	WHILE Boolean_expression {sql_statement | statement_block} [BREAK | CONTINUE]
GOTO	无条件跳转语句	GOTO label
RETURN	无条件退出语句	RETURN [integer_expression]

WAITFOR	延迟语句	WAITFOR
		 { DELAY 'time_to_pass' }
		  | TIME 'time_to_execute'
		  | [(receive_statement) | (get_conversation_group_statement)]
		  [, TIMEOUT timeout]
		 }

BREAK	跳出循环语句	
CONTINUE	重新开始循环语句	

6.7.1　BEGIN…END 语句

BEGIN…END 语句通常包含在其他控制流程中,用于将多个 SQL 语句组合成一个语句块,并视为一个整体来处理。例如,对于 IF…ELSE 语句、WHILE 语句或 CASE 语句,如果没有语句块,这些语句中只能包含一个 SQL 语句。而实际的情况可能需要多个语句处理复杂的过程,这时可以用 BEGIN…END 语句将这些语句块封装成一个语句块。

6.7.2　IF…ELSE 语句

IF…ELSE 语句是 Transact-SQL 语句中最常用的流程控制语句,用于简单条件的判断。其功能为:IF 关键字后面的表达式的值为 TRUE 时,执行 IF 关键字下面的 sql_statement1 或 statement_block1;否则,执行 ELSE 关键字后面的 sql_statement2 或 statement_block2。如果在 IF 语句中需要处理多条 SQL 语句,则必须使用 BEGIN…END 语句。

例 7　编程显示两个数中较大的那个数。

(1) 启动 SQL Server Management Studio,连接到本地默认实例,在"查询编辑器"窗口输入语句如下。

```
DECLARE @n int, @m int
SELECT @n=1, @m=9
IF (@n>@m)
    PRINT @n
ELSE
    PRINT @m
GO
```

（2）单击"执行"命令,执行结果如图 6-5 所示。

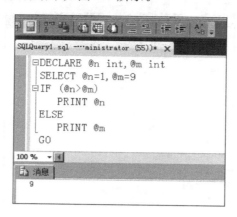

图 6-5 IF…ELSE 语句的使用

6.7.3 CASE 语句

CASE 语句是多条件分支语句,用于计算多个条件并为每个条件返回单个值。CASE 语句有搜索 CASE 语句和简单 CASE 语句两种格式。CASE 语句可以在 SELECT 语句中有列名的任何地方使用。

1. 搜索 CASE 语句

该语句的 CASE 关键字后面没有表达式。依次判断 WHEN 关键字后面的表达式的值,如果值为真,则执行 THEN 关键字后面的表达式,执行完毕后跳出 CASE 语句。如果所有 WHEN 关键字后面的表达式的值均为假,则执行 ELSE 关键字后面的表达式。

例 8 搜索 CASE 语句的使用。查看变量值为 10 时对应的字符。

（1）启动 SQL Server Management Studio,连接到本地默认实例,在"查询编辑器"窗口输入语句如下。

```
DECLARE @n int,@ch nvarchar(16)      --声明两个局部变量
SET @n = 10                          --给 n 变量赋初值 10
SET @ch = CASE
    WHEN @n = 2 THEN 'a'
    WHEN @n = 5 THEN 'b'
    WHEN @n = 6 THEN 'g'
    WHEN @n = 8 THEN 's'
    ELSE 'o'
END
PRINT @ch
GO
```

（2）单击"执行"命令,执行结果如图 6-6 所示。

2. 简单 CASE 语句

CASE 关键字后面有表达式。将 CASE 关键字后面的 input_expression 表达式的值与各 WHEN 关键字后面的 when_expression 表达式的值相比较,如果相等,则执行相应的

Transact-SQL 基础

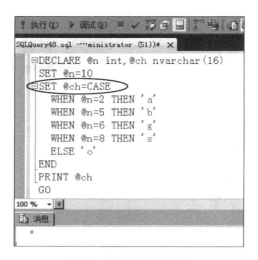

图 6-6　搜索 CASE 语句

THEN 关键字后面的 result_ expression 表达式。执行完毕后跳出 CASE 语句,否则,执行 ELSE 关键字后面的 else_result_ expression 的表达式。

　　例 9　简单 CASE 语句的使用。查看变量值为 10 时对应的字符。

　　(1) 启动 SQL Server Management Studio,连接到本地默认实例,在"查询编辑器"窗口输入语句如下。

```
DECLARE @n int, @ch nvarchar(16)
SET @n = 10
SET @ch = CASE @n
    WHEN 2 THEN 'a'
    WHEN 5 THEN 'b'
    WHEN 6 THEN 'g'
    WHEN 8 THEN 's'
    ELSE 'o'
END
PRINT @ch
GO
```

　　(2) 单击"执行"命令,执行结果如图 6-7 所示。

6.7.4　WHILE 语句

　　WHILE 语句是 T-SQL 中唯一的循环语句,用于重复执行语句或语句块。当 WHILE 关键字指定的条件为真时,就重复执行循环体。在 WHERE 语句中可以通过 BREAK 语句或 CONTINUE 语句跳出循环。

　　例 10　计算 1+2+3+…+100 的和,并显示计算结果。

　　(1) 启动 SQL Server Management Studio,连接到本地默认实例,在"查询编辑器"窗口输入语句如下。

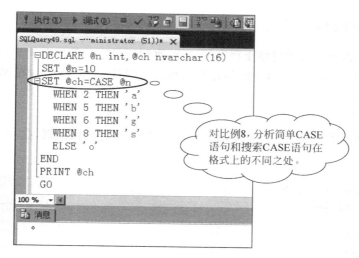

图 6-7　简单 CASE 语句

```
DECLARE @n int,@sum int      -- 定义局部变量@n 和@sum,@n 用来计数,@sum 用来存放运算结果
SELECT @n = 1,@sum = 0                -- 为局部变量@n 和@sum 赋值
WHILE @n < = 100                      -- 当@n < = 100 时,执行循环体
   BEGIN                              -- 语句块定义开始
       SELECT @sum = @sum + @n        -- 求和
       SELECT @n = @n + 1             -- 计数单元加
   END                                -- 语句块定义结束
SELECT '1 + 2 + 3 + … + 100 的和' = @sum
GO
```

（2）单击"执行"命令,执行结果如图 6-8 所示。

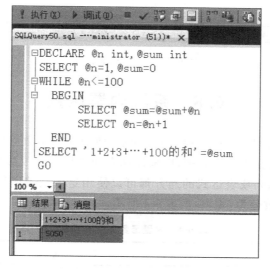

图 6-8　WHILE 语句的使用

Transact-SQL 基础

6.7.5 WAITFOR 语句

WAITFOR 语句用来暂时停止程序的执行,直到所设定的等待时间已过或所设定的时刻快到,才继续往下执行。延迟时间和时刻的格式为"HH:MM:SS"。在 WAITFOR 语句中不能指定日期。

例 11 WAITFOR 语句

(1) 启动 SQL Server Management Studio,连接到本地默认实例,在"查询编辑器"窗口输入语句如下。

```
DECLARE @name varchar(10)
SET @name = 'SQL Server'
BEGIN
    WAITFOR DELAY '00:00:10'
    PRINT @name
END
GO
```

(2) 单击"执行"命令,执行结果如图 6-9 所示。

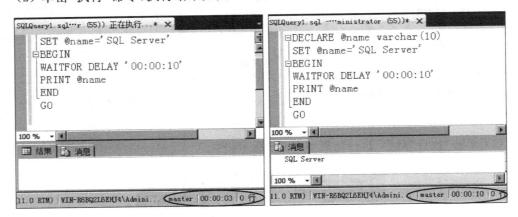

图 6-9　WAITFOR 语句

6.8　系统内置函数

SQL Server 2012 提供了许多系统内置函数,使用这些函数可以方便快捷地执行某些操作。这些函数通常用在查询语句中,用来计算查询结果或修改数据格式和查询条件。一般来说,允许使用变量、列或表达式的地方都可以使用这些内置函数。可以把 SQL Server 2012 中的系统定义函数分为 14 类,如表 6-4 所示。

表 6-4　内置函数类型和功能

函 数 类 别	功　　能
聚合函数	将多个数值合并成为一个数值
配置函数	返回当前配置选项配置的信息

函 数 类 别	功　　能
加密函数	支持加密、解密、数字签名和数字签名验证等操作
游标函数	返回有关游标状态的信息
日期和时间函数	执行与日期、时间数据相关的操作
数学函数	执行对数、指数、三角函数、平方根等数学运算
元数据函数	返回数据库和数据库对象的属性信息
排名函数	返回分区中的每一行的排名值
行集函数	返回一个可用于代替 T-SQL 语句中表引用的对象
安全函数	返回有关用户和角色的信息
字符串函数	对字符数据进行替换、截断、合并等操作
系统函数	对系统级的各种选项和对象进行操作或报告
系统统计函数	返回有关 SQL Server 系统性能统计的信息
文本和图像函数	执行更改 TEXT 和 IMAGE 值的操作

6.8.1　字符串函数

用于对字符串进行替换、截断、合并等操作,常用的字符串函数如表 6-5 所示。

表 6-5　字符串函数

字符串函数	功　　能
ASCII(character_expression)	返回字符表达式最左边字符的 ASCII 码
CHAR(integer_expression)	将 ASCII 码转换为字符的字符串函数
LEN(string_expression)	返回字符串的字符(而不是字节)个数,不包括尾随空格
RIGHT(character_expression,integer_expression)	返回字符串从右边开始的指定个数的字符
LEFT(character_expression,integer_expression)	返回字符串从左边开始的指定个数的字符
SUBSTRING(value_expression,start, length)	返回字符、二进制字符串或文本字符串的一部分,字符串的开始位置由 start 指定,返回字符串的长度由 length 指定
LTRIM(character_expression)	删除起始空格后返回字符串
RTRIM(character_expression)	截断尾随空格后返回字符串
CHARINDEX(str1,str,[start])	返回子字符串 str1 在字符串 str 中的开始位置,start 为搜索的开始位置
REPLACE(str,str1,str2)	使用字符串 str2 替换字符串 str 中所有的字符串 str1
LOWER(character_expression)	返回将大写字符数据转换为小写的字符表达式
UPPER(character_expression)	返回将小写字符数据转换为大写的字符表达式
SPACE(integer_expression)	返回由重复空格组成的字符串
STR(float_ expression[,length[,decimal]])	返回将浮点数据转换为给定长度的字符串
+	将字符串进行连接

109

项目 6

Transact-SQL 基础

例 12 查看"数据库"在"大型数据库技术"中的开始位置。

```
-- 执行结果为 3
SELECT CHARINDEX('数据库','大型数据库技术')
GO
```

例 13 计算字符串"SQL Server 数据库管理系统"的字符个数。

```
-- 执行结果为 17
SELECT LEN('SQL Server 数据库管理系统')
GO
```

6.8.2 日期和时间函数

日期和时间函数处理 datatime 和 smalldatatime 的值，并对其进行算术运算，以显示日期和时间的信息。常用的日期和时间函数如表 6-6 所示。

表 6-6 日期和时间函数

日 期 函 数	功　　能
YEAR(date)	返回指定日期中的年份的整数
MONTH(date)	返回指定日期中的月份的整数
DAY(date)	返回指定日期中的日期部分的整数
DATENAME(datepart,date)	根据 datepart 的指定，返回日期 date 中相应部分的值
DATEPART(datepart,date)	根据 datepart 的指定，返回日期 date 中相应部分的整数值
DATEIFF(datepart,startdate,enddate)	返回两个日期间的差值并转换为指定的 datepart 形式
DATEADD(datepart,number,date)	返回指定日期加上一个时间间隔后的新值
DATEDIFF(datepart, date1 ,date2)	返回两个日期间的差值并转换为指定日期元素的形式
GETDATE( )	返回以 SQL Server 内部格式表示的当前日期和时间

例 14 显示服务器当前系统的日期、时间和月份，如图 6-10 所示。

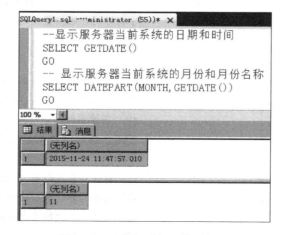

图 6-10 日期和时间函数的使用

```
SELECT GETDATE( )                          -- 显示服务器当前系统的日期和时间
GO
SELECT DATEPART(MONTH,GETDATE( ))          -- 显示服务器当前系统的月份
GO
```

6.8.3 数学函数

数学函数用来对数值型数据进行数学运算。常用的数学函数如表 6-7 所示。

表 6-7 数学函数

数 学 函 数	功　　能
ABS(数值表达式)	返回表达式的绝对值
CEILING(数值表达式)	返回大于或等于数值表达式值的最小整数
FLOOR(数值表达式)	返回小于或等于数值表达式值的最小整数
PI( )	返回 π 的值
POWER(数值表达式,幂)	返回数字表达式的指定次幂的值
RAND([整型表达式])	返回一个 0~1 之间的随机十进制数
ROUND(数值表达式,整型表达式)	将数值表达式四舍五入为整型表达式所给定的精度
SQRT(浮点表达式)	返回一个浮点表达式的平方根

6.8.4 系统函数

系统函数用来获取 SQL Server 的有关信息。常用的系统函数如表 6-8 所示。

表 6-8 系统函数

系 统 函 数	功　　能
APP_NAME( )	返回当前会话的应用程序名称
CASE 表达式	计算条件列表,返回多个候选结果表达式中的一个表达式
CAST(expression AS data_type)	将一种数据类型的表达式转换为另一种数据类型的表达式
CONVERT(data_type,expression)	将一种数据类型的表达式转换为另一种数据类型的表达式
COALESCE(expression [, … n])	返回列表清单中的第一个非空表达式
DATALENGTH(expression)	返回表达式所占用的字节数
HOST_NAME( )	返回服务器端计算机的名称
ISDATE(expression)	表达式为有效日期格式时返回 1,否则返回 0
ISNULL(check_expression,replacement_value)	表达式的值为 NULL 时,用指定的值进行替换
ISNUMERIC(expression)	表达式为数值类型时返回 1,否则返回 0
NEWID( )	生成全局唯一标识符
NULLIF(expression , expression)	如果两个指定的表达式相等,则返回空值

例 15　将整数转换为字符串。

将整数转换为字符串的执行结果如图 6-11 所示。

以上列举的都是 SQL Server 最常用的函数。其中,聚合函数将在项目 7 中介绍,其他

111

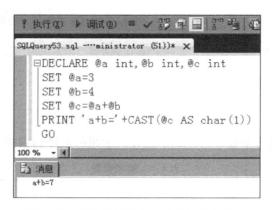

图 6-11　将整数转换为字符串的执行结果

函数的使用不再赘述,具体使用时可以参阅相关书籍和 SQL Server 2012 联机手册。

6.9　编　程　风　格

一个数据库应用系统的开发,如果没有良好的代码风格,将会给项目的后期维护以及后续的开发带来极大的困难。一个项目的开始准备阶段最重要就是规定好编码格式。

1. 关于大小写的问题

(1) SQL Server 中的 SQL 语句不区分大小写。为了让代码更容易阅读和维护,应该先制定好本次项目是通用大写或通用小写,并严格按要求执行。

(2) 尽量将 Transact-SQL 的关键字和用户定义的对象、变量用大小写区分开来。例如,如果规定 Transact-SQL 的关键字采用大写,那么对象名或变量名都采用小写。

2. 关于代码缩进与对齐的问题

(1) 当代码换行时,如果第二行语句与第一行语句不存在并列关系,可以采用缩进。

(2) Transact-SQL 的代码缩进一般采用缩进两个或三个空格。

(3) 当一句代码在一行已经写满,需要第二行接着写时,将第二行与第一行对齐。

(4) 一个控制流程的开始与结束的关键字之间要对齐,这样可以将中间的若干语句封装起来,使之成为一个整体。

3. 关于代码注释和模块声明

(1) 对于一个复杂的算法,或者有很多变量,应在程序的关键部分写上注释,提高程序的可读性。

(2) 对于一个结构复杂的程序,还需要进行模块说明。

 课前小测

1. 下面符号的优先级最大的是(　　　　)。
　　A. %　　　　　　　B. +　　　　　　　C. AND　　　　　　D. >

2. 语句 LEN('网络数据库 SQL')的执行结果是(　　)。

　　A. 8　　　　　　　　　B. 13　　　　　　　　C. 3　　　　　　　　D. 16

3. 语句 SELECT DAY('2014-4-6')的执行结果是(　　)。

　　A. 2014

　　C. 6

　　B. 4

　　D. 0

4. SQL Server 2012 的局部变量是(　　)。

　　A. 用来访问服务器的相关信息或有关操作的信息

　　B. 以@字符开始,由用户自己定义和赋值的变量

　　C. 以@@字符开始,由系统定义和维护的变量

　　D. 可以被用户引用的,但不能被改写

5. 在 SQL Server 2012 中,下列变量名正确的是(　　)。

　　A. j

　　C. @@j

　　B. @j

　　D. 以上都不正确

6. 下面关于变量@j 的赋值正确的是(　　)。

　　A. @j＝1

　　C. SELECT j＝1

　　B. SELECT @j＝1

　　D. SET j＝1

7. 下列关于批处理的叙述中,不正确的是(　　)。

　　A. 如果一个批处理中某句有执行错误,则整个批处理都不能被执行

　　B. 如果一个批处理中包含语法错误,则整个批处理都不能被执行

　　C. 批处理是一个或多个 T-SQL 语句的集合

　　D. 批处理以 GO 语句作为结束标志

项目实施

任务 6.1　简单的数据库编程

根据输入的图书名称查询该图书的作者,实现功能的程序代码如下。

(1) 启动 SQL Server Management Studio,连接到本地默认实例,在"查询编辑器"窗口输入语句如下。

```
USE JY
GO
-- 声明变量@bookname 和@bookauthor,用来保存图书名称和图书作者
DECLARE @bookname nvarchar(50), @bookauthor char(10)
-- 对变量@bookname 赋值
SET @bookname = 'ASP.NET 从入门到精通'
-- 使用 SELECT 完成查询的同时对变量@bookauthor 赋值
SELECT @bookauthor = book_author FROM book WHERE book_name = @bookname
-- 输出变量@bookauthor 的值
```

```
PRINT @bookauthor
GO
```

（2）单击"执行"命令，执行结果如图 6-12 所示。

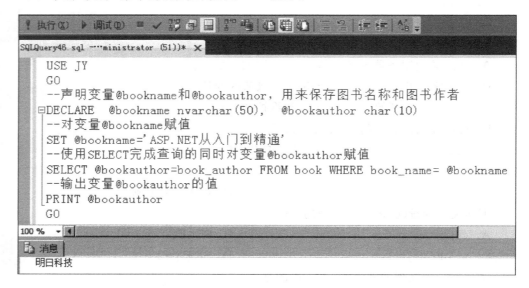

图 6-12　简单数据库编程

任务 6.2　带分支结构的数据库编程

根据输入的图书名称判断该图书是否存在，如果不存在，则给予提示信息；如果存在，则输出该图书的出版社名称。

（1）启动 SQL Server Management Studio，连接到本地默认实例，在"查询编辑器"窗口输入语句如下。

```
USE JY
GO
DECLARE @bookname nvarchar(50), @bookpublisher nvarchar(50)
SET @bookname = 'ASP.NET 从入门到精通'
-- 使用 EXISTS 判断书名"ASP.NET 从入门到精通"是否存在
IF EXISTS(SELECT * FROM book WHERE book_name = @bookname)
BEGIN
  SELECT @bookpublisher = book_publisher FROM book WHERE book_name = @bookname
  PRINT @bookpublisher
END
ELSE
  PRINT '没有相关图书信息'
GO
```

（2）单击"执行"命令，执行结果随着输入参数的不同，而结果不同，如图6-13所示。

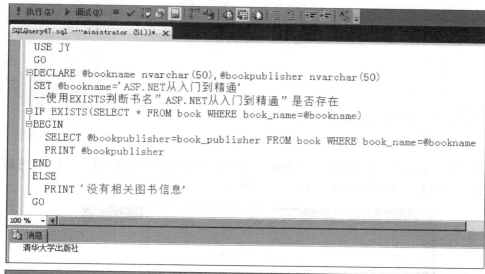

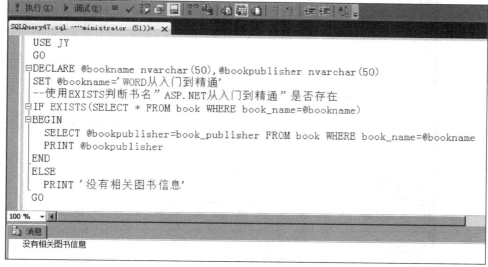

图 6-13　带逻辑结构的数据库编程

任务 6.3　带循环结构的数据库编程

（1）启动 SQL Server Management Studio，连接到本地默认实例，在"查询编辑器"窗口
输入语句如下。

```
USE JY
GO
SELECT min( interview_times) FROM book
GO
WHILE( SELECT min( interview_times) FROM book)< 35
```

Transact-SQL 基础

```
        BEGIN
            UPDATE book SET interview_times = interview_times + 5

            IF (SELECT min(interview_times) FROM book) > 35
                BREAK
            ELSE
                CONTINUE
        END
SELECT min(interview_times) FROM book
GO
```

（2）单击"执行"命令，如图 6-14 所示。对比图 6-15 的原始数据和图 6-16 的更新后数据，可以看到和图 6-14 所示的执行结果是一致的。

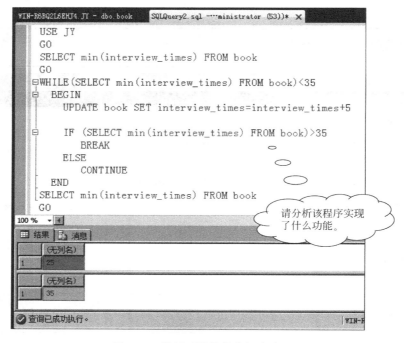

图 6-14　带循环结构的数据库编程

	book_id	book_name	book_isbn	book_author	book_publisher	interview_t...	book_price
	b0001	SQL Server 2...	978-7-121-22...	廖梦怡	电子工业出版社	25	89.0000
	b0002	职称英语专用...	978-7-121-14...	孙若红	电子工业出版社	36	45.0000
	b0003	中国通史	978-7-5388-5...	于海娣	黑龙江科学技...	45	68.0000
	b0004	丰子恺儿童文...	978-7-5007-8...	丰子恺	中国少年儿童...	38	22.5000
	b0005	英语同义词辨...	978-7-5135-2...	赵同水	外语教学与研...	38	55.0000
	b0006	数据库基础与...	978-7-304-06...	徐孝凯	中央广播电视...	31	35.0000
	b0007	微积分初步	978-7-304-03...	赵坚	中央广播电视...	40	17.0000
	b0008	ASP.NET从入...	978-7-302-28...	明日科技	清华大学出版社	56	89.8000
*	NULL	NULL	NULL	NULL	NULL	NULL	NULL

图 6-15　原始数据

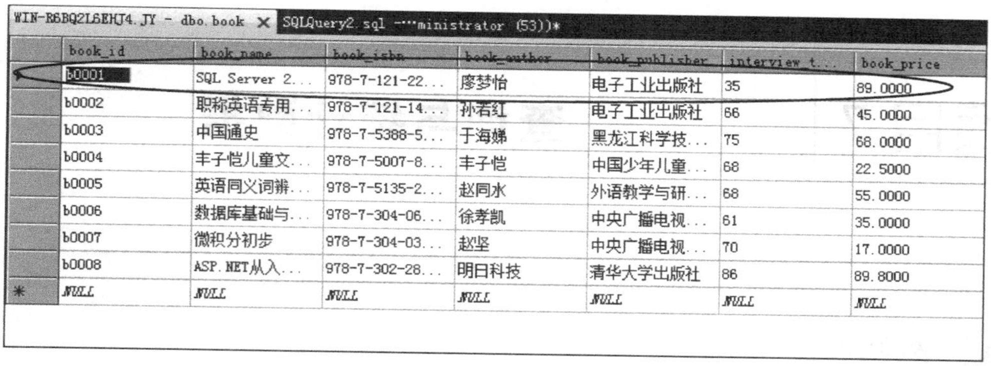

图 6-16　更新后的数据

🔒 项目小结

（1）Transact-SQL 语句是 SQL Server 的核心，所有与 SQL Server 实例通信的应用程序都是通过发送 Transact-SQL 语句到服务器来完成对数据库的操作。

（2）数据库对象的引用是通过"服务器名.数据库名.架构名.对象名"来完成的，其中某些部分根据实际情况可以省略。

（3）在 SQL Server 2012 中，可以一次执行多个 Transact-SQL 语句，称之为"批"。

（4）与其他高级编程语言一样，Transact-SQL 程序包括运算符、常量、变量、流程控制语句，以及函数等。

✏️ 课程实训

在学生选课系统 xk 的实训中，完成：

（1）显示课程表中有多少类课程。

（2）对课程进行分类统计，并显示课程类别、课程名称和报名人数。

（3）编写计算 30! 的程序，并显示计算结果。

（4）声明整数变量@var，使用 CASE 流程控制语句判断@var 值等于 1、等于 2，或者两者都不等。当@var 值为 1 时，输出字符串"var is 1"；当@var 值为 2 时，输出字符串"var is 2"；否则，输出字符串"var is not 1 or 2"。

❓ 思考练习

（1）如何引用某个数据库对象？

（2）使用 SELECT 可以对变量进行赋值吗？

（3）"＋"除了表示求和，还有其他的作用吗？

（4）以@@开始的变量是什么变量？是否可以改变它的值？

（5）什么时候使用 BEGIN…END 语句？什么时候可以不使用？

（6）如果在执行结果消息中出现"8 行受影响"，则表示什么意思？

项目7　查询与统计数据

 **项目目标**

(1) 了解 SELECT 语句的构成。
(2) 掌握通配符和聚合函数的使用方法。
(3) 掌握 SELECT 语句中各子句的使用方法。
(4) 掌握子查询和连接查询的使用方法。
(5) 会运用 SELECT 语句解决实际的查询问题。

 **项目陈述**

作为读者,希望查看某本图书的信息;作为图书管理员,希望能查看所有读者的图书借阅记录,也希望能查看所有图书的借阅信息。

 项目准备

数据库查询是指依据一定的查询条件,对数据库中的数据信息进行查找、统计等处理,是数据库系统最主要的应用。

7.1　SELECT 语句的基本语法格式

SELECT 语句的完整语法主要包括 SELECT 子句、FROM 子句、WHERE 子句、GROUP BY 子句、HAVING 子句和 ORDER BY 子句。在查询时还可以使用 UNION、

EXCEPT 等运算符将各个查询的结果合并或比较,最终合成一个结果集。在输入 SQL 语句时,标点符号一定要在英文半角状态。

SELECT 语句的基本语法格式如下:

```
SELECT < select_list > [INTO new_table]      -- 指定查询要显示的列,列名之间用逗号间隔
FROM table_source                            -- 指定用于查询的数据源表,表名之间用逗号间隔
[WHERE < search_condition >]                 -- 指定对记录的筛选条件
[GROUP BY group_by_expression] [HAVING< search_condition >]  -- 指定进行分组所依据的表达式
[ORDER BY order_expression >][ASC|DESC]       -- 指定查询结果按其列值进行升序或降序排列的列
```

7.2 通 配 符

经常会遇到给定的查询信息只是某些列值中的一部分,例如,查询姓名中最后一个字为"涛"的学生信息,这样的查询不要求与列值完全相等,因此将其称为模糊查询。当不能精确知道查询条件时,使用关键字 LIKE 实现模糊查询,此时,LIKE 必须和通配符配合使用。其中:

- "%"表示任意多个任意字符。
- "_"表示一个任意字符。
- "[ ]"表示可以是方括号里面列出的任意一个字符。
- "[^]"表示不在方括号里面列出的任意一个字符。

下面给出一些带通配符的示例:

- LIKE 'AB%':将返回以"AB"开始的任意字符串。
- LIKE '_AB':将返回以"AB"结束的三个字符的字符串。
- LIKE '[AB]%':将返回以"A"或"B"开始的任意字符串。
- LIKE 'A[^a]%':将返回以"A"开始,第二个字符不是"a"的任意字符串。

通配符和要匹配的值必须包含在单引号中。如果查找通配符本身,需将它们用方括号括起来。例如:"LIKE '5[%]'"表示匹配"5%",这时的"%"不表示任意个任意字符,而表示"%"这个字符本身。

7.3 聚 合 函 数

聚合函数也称为统计函数,是对一组值进行计算并返回一个数值。聚合函数常与 SELECT 语句的 GROUP BY 子句一起使用。除了 COUNT 之外,其他聚合函数都会忽略 NULL 值。常用聚合函数的基本语法格式如下:

(1) COUNT ([ALL|DISTINCT]<列名>|＊)

- 若选用 ALL<列名>,则统计指定列的总行数(去除列值为空的行,但不去除重复值的行)。
- 若选用 DISTINCT<列名>,则统计指定列的总行数(去除列值为空以及重复值的行)。
- 若选用＊,则统计所有记录的行数。

(2) SUM([ALL|DISTINCT]<列名>):返回对应列的总和。

（3）MIN（[ALL|DISTINCT]＜列名＞）：返回对应列的最小值。

（4）MAX（[ALL|DISTINCT]＜列名＞）：返回对应列的最大值。

（5）AVG（[ALL|DISTINCT]＜列名＞）：返回对应列的平均值。

课前小测

1. "SELECT TOP 1 * FROM 学生表"的功能是（　　）。

   A. 显示学号最小的学生　　　　　　　B. 显示学号最大的学生

   C. 显示学号中间的学生　　　　　　　D. 不清楚是哪个学生

2. "SELECT 学号,姓名,性别 FROM 学生表"的功能是（　　）。

   A. 显示所有记录的全部字段　　　　　B. 显示部分记录的指定字段

   C. 显示部分记录的全部字段　　　　　D. 显示所有记录的指定字段

3. 模糊查找 LIKE '_a%',下面哪个结果是可能的？（　　）

   A. are　　　　　　　　　　　　　　B. baiyun

   C. as　　　　　　　　　　　　　　　D. kka

4. 表示"职称为副教授同时性别为男"的表达式为（　　）。

   A. 职称='副教授' OR 性别='男'　　B. 职称='副教授' AND 性别='男'

   C. BETWEEN '副教授' AND '男'　　D. IN（'副教授','男'）

5. 哪个关键字用于判断子查询中是否有存在的记录？（　　）

   A. SELECT　　　　　　　　　　　　B. EXISTS

   C. UNION　　　　　　　　　　　　　D. HAVING

6. 在 SQL 中,SELECT 语句的"SELECT DISTINCT"表示查询结果中（　　）。

   A. 属性名都不相同　　　　　　　　　B. 去掉了重复的列

   C. 行都不相同　　　　　　　　　　　D. 属性值都不相同

7. 下列聚合函数中使用正确的是（　　）。

   A. SUM（*）　　　　　　　　　　　　B. MAX（*）

   C. COUNT（*）　　　　　　　　　　　D. AVG（*）

8. 在统计学生表中男女学生人数时,下面哪个语句是正确的？（　　）

   A. SELECT 性别,COUNT（*）FROM 学生表

   B. SELECT 性别,COUNT（*）FROM 学生表 GROUP BY 性别

   C. SELECT COUNT（*）FROM 学生表 GROUP BY 性别

   D. SELECT 性别,COUNT（*）FROM 学生表 WHERE 性别 IN（'男','女'）

项目实施

任务 7.1　使用 SELECT 子句设定查询内容

SELECT 语句的语法接近于英语口语,容易理解。但其使用方法灵活多变,掌握好并不容易。下面将通过适量的例题帮助读者理解和掌握 SELECT 语句。

1. 使用星号 * 显示表的所有列

例1　查询图书表 book 的所有列。

```
USE JY
GO
SELECT *
FROM book
GO
```

执行结果如图 7-1 所示。

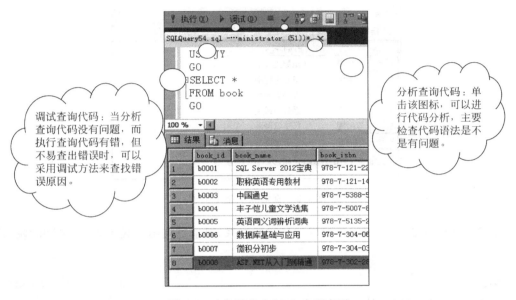

图 7-1　查询图书表 book 中所有列

2. 查询数据表的指定列

例 2　查询读者表 reader 的读者姓名和所在院系。

```
USE JY
GO
SELECT reader_name, reader_department
FROM reader
GO
```

执行结果如图 7-2 所示。

3. 改变查询显示结果的列名

在显示查询结果时,列名就是数据表定义时的列名。查询数据有时会遇到下面这些问题。

(1)查询的数据表中的列名是英文,不易理解。

(2)对多个表同时进行查询时,可能会出现列名相同的情况,容易引起混淆或者不能引用这些列。

(3)当 SELECT 子句的选择列表是表达式时,在查询结果中没有列名。

这时,可以通过 AS 关键字改变查询显示结果中的列名,即为查询显示结果中的列取一个别名。

查询与统计数据

图 7-2　查询表中指定的列

例 3　查询读者表 reader 的读者姓名和所在系,要求查询结果显示为"姓名"和"院系"。

```
USE JY
GO
SELECT reader_name AS '姓名', reader_department AS '院系'
FROM reader
GO
```

执行结果如图 7-3 所示。

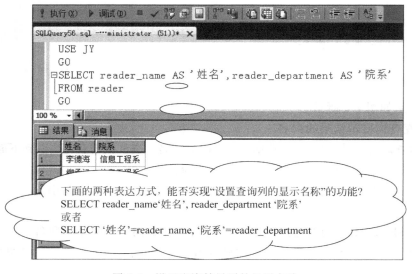

下面的两种表达方式,能否实现"设置查询列的显示名称"的功能?
SELECT reader_name'姓名', reader_department '院系'
或者
SELECT '姓名'=reader_name, '院系'=reader_department

图 7-3　设置查询结果列的显示名称

4. 返回查询结果的前 n(%)行

当数据表中包含大量的数据时,可以通过 TOP 关键字返回查询结果的前 n(%)行。

(1) SELECT TOP n * 返回查询结果的前 n 行。

(2) SELECT TOP n PERCENT * 返回查询结果的前 n%行。

例 4 查询图书表 book 的所有信息,只显示查询结果的前 5 行数据。

```
USE JY
GO
SELECT TOP 5 *
FROM book
GO
```

执行结果如图 7-4 所示。

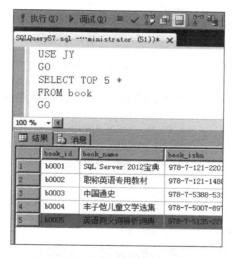

图 7-4　返回查询结果的前 5 行

5. 消除查询结果的重复行

DISTINCT 关键字用于消除 SELECT 语句的查询结果集的重复行。默认的 ALL 关键字将返回所有行,包括值相同的重复行。

例 5 查询图书表 book 的出版社名称。

```
USE JY
GO
SELECT book_publisher
FROM book
GO
```

执行结果如图 7-5 所示。可以看到不包含 DISTINCT 关键字的查询结果返回重复行。

6. 在查询结果中增加要显示的字符串

为了使查询结果更加容易理解,可以在 SELECT 语句的查询列名列表中使用单引号为特定的列添加注释。

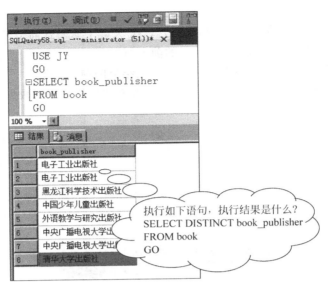

图 7-5　消除查询结果的重复行

例 6　查询数据表 book 的借阅次数的总和,要求查询结果显示为"总借阅次数:309"。

```
USE JY
GO
SELECT '总借阅次数: ', SUM(interview_times)
FROM book
GO
```

执行结果如图 7-6 所示。

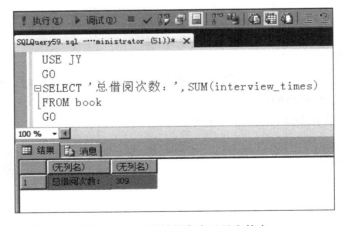

图 7-6　在查询结果集中显示字符串

7. 使用聚合函数

有时并不是只需要返回实际的查询数据,还要对数据进行分析和报告,此时需要使用聚合函数。

例 7　在读者表 reader 中统计读者总人数。

```
USE JY
GO
SELECT COUNT( * )                              --使用聚合函数查询
FROM reader
GO
```

执行结果如图 7-7 所示。

图 7-7　使用 COUNT 函数统计汇总

任务 7.2　使用 WHERE 子句限制查询条件

1. WHERE 子句常用运算符

进行数据查询时,如果用户只希望得到满足条件的数据而非全部数据,这时就需要使用 WHERE 子句限制查询条件,对数据进行过滤,查询数据表中指定的数据。WHERE 子句中常用的运算符如表 7-1 所示。

表 7-1　查询条件中常用的运算符

类别	运　算　符	说明	例　　子
比较运算符	＝(等于)、＞(大于)、＜(小于)、＞=(大于等于)、＜=(小于等于)、＜＞或!=(不等于)、!＞(不大于)、!＜(不小于)	用于列值大小的比较	查询读者表 reader 中编号为"r0005"读者的姓名和所在院系

查询与统计数据

续表

类别	运 算 符	说明	例 子
范围运算符	BETWEEN、NOT BETWEEN	用来对查询值设置查询范围	查询图书表 book 中借阅次数在 40～60 次之间的图书信息
列表运算符	IN、NOT IN	用于查询列值是否属于指定集合的元组	查询读者表 reader 中编号为"r0001"、"r0006"、"r0008"读者的信息
逻辑运算符	AND(逻辑与)：满足所有查询条件的记录才能被显示。OR(逻辑或)：满足其中一个查询条件的记录即可被显示。NOT(逻辑非)：满足与查询条件范围相反的记录才能被显示	用于将多个查询条件连接起来	在图书表 book 中查询"清华大学出版社"和"中央广播电视大学出版社"出版的图书信息

IN与BETWEEN都可以进行范围查询，区别在于IN后面跟的是一个枚举类型的列表，BETWEEN给出的是两个值之间的范围。

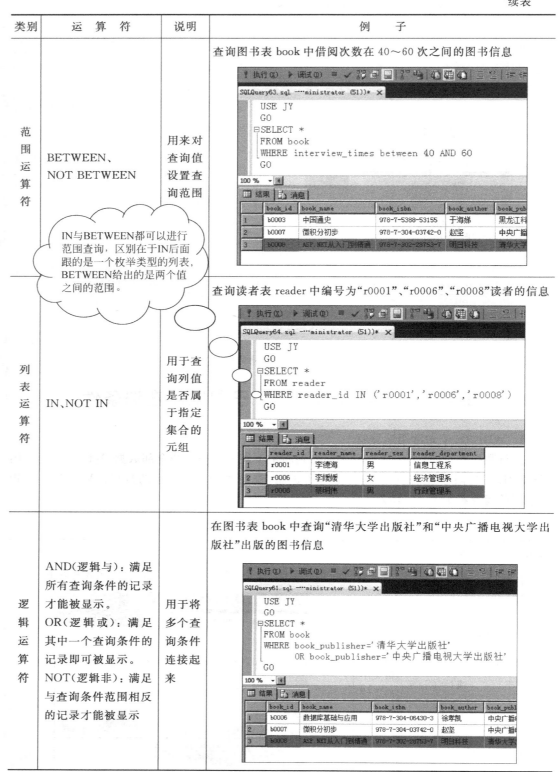

2. 使用 LIKE 实现模糊查询

当不能精确知道查询条件时，可以使用 LIKE 关键字实现模糊查询。LIKE 必须和通配符配合使用。

例 8　查询读者表 reader 中所有姓"李"的读者的信息。

```
USE JY
GO
SELECT *
FROM reader
WHERE reader_name LIKE '李%' -- 带模糊查询的 WHERE 子句
GO
```

执行结果如图 7-8 所示。

3. 查询列值为空的数据行

数据表创建时，设计者可以指定某列是否可以包含空值（NULL）。在 WHERE 子句中使用 IS NULL，可以查询列值为空的记录。与 IS NULL 相反的是 IS NOT NULL，用于查询列值不为空的记录。

例 9　查询图书表 book 中 notes 列值为空的记录。

```
USE JY
GO
SELECT *
FROM record
WHERE notes IS NULL
GO
```

执行结果如图 7-9 所示。

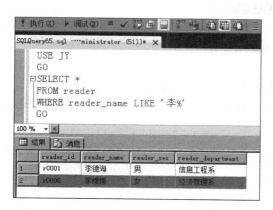

图 7-8　带模糊查询的 WHERE 子句查询

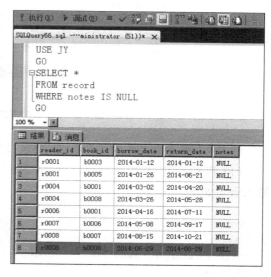

图 7-9　查询空值的数据行

127

任务7.3 单表查询"图书借阅数据库"系统课堂练习

练习1：查询图书的书名、作者和出版社，要求结果中的列标题为书名、作者、出版社。

（1）启动 SQL Server Management Studio，连接到本地默认实例，在"查询编辑器"窗口输入语句如下。

```
USE JY
GO
SELECT book_name AS '书名',book_author AS '作者',book_publisher AS '出版社'
FROM book
GO
```

（2）单击"执行"命令，即可看到图 7-10 所示的查询结果。

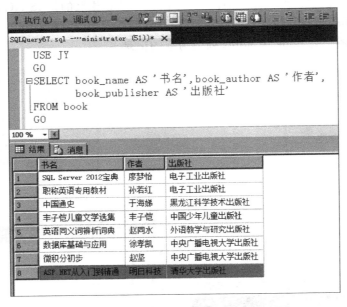

图 7-10　查询图书的书名、作者和出版社

练习2：查询读者的编号和姓名，要求只显示信息工程系的学生。

（1）启动 SQL Server Management Studio，连接到本地默认实例，在"查询编辑器"窗口输入语句如下。

```
USE JY
GO
SELECT reader_id,reader_name
FROM reader
WHERE reader_department = '信息工程系'
GO
```

(2) 单击"执行"命令,即可看到图 7-11 所示的查询结果。

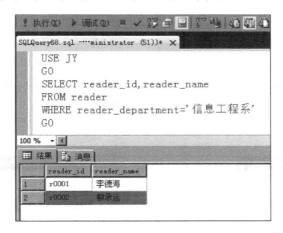

图 7-11　查询读者的编号和姓名

练习 3：查询读者借阅图书的情况,要求显示读者编号、图书编号和借阅天数。

(1) 启动 SQL Server Management Studio,连接到本地默认实例,在"查询编辑器"窗口输入语句如下。

```
USE JY
GO
SELECT reader_id,book_id,DAY(return_date) − DAY(borrow_date)AS 借阅天数
FROM record
GO
```

(2) 单击"执行"命令,即可看到图 7-12 所示的查询结果。

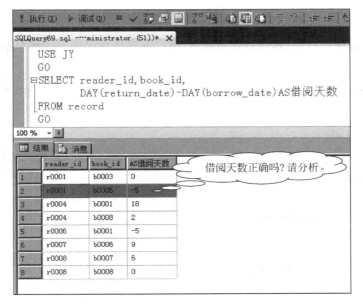

图 7-12　查询读者借阅图书的情况

查询与统计数据

（3）在"查询编辑器"窗口修改语句如下，得到查询结果如图 7-13 所示。因此，要正确理解函数的意义。

```
USE JY
GO
SELECT reader_id,book_id,DATEDIFF(DAY,borrow_date,return_date) AS 借阅天数
FROM record
GO
```

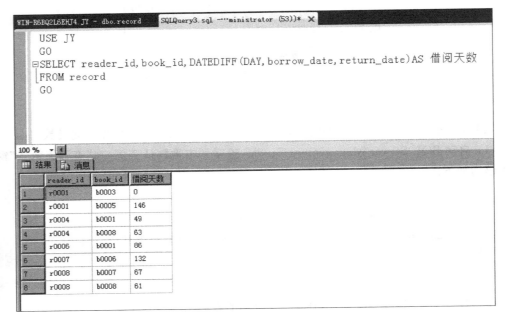

图 7-13　查询读者借阅图书的情况

练习 4：查询图书情况，要求显示单价在 20～40 元之间的图书出版社名称，出版社名称不重复显示。

（1）启动 SQL Server Management Studio，连接到本地默认实例，在"查询编辑器"窗口输入语句如下。

```
USE JY
GO
SELECT DISTINCT book_publisher
FROM book
WHERE book_price BETWEEN 20 AND 40
GO
```

（2）单击"执行"命令，即可看到图 7-14 所示的查询结果。

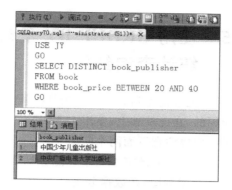

图 7-14　查询图书情况

任务 7.4　使用 ORDER BY 子句重新排序查询结果

使用 ORDER BY 子句可以同时根据单列列值或者多列列值对查询结果重新进行排序。如果指定的是多列，首先按第一列的列值进行排序，当第一列的列值相同时，再按第二列的列值进行排序，……可以按升序（ASC）排序，也可以按降序排序（DESC），系统默认按升序排序。

例 10　查询图书表 book 中所有图书信息，并按借阅次数由高到低进行排序。

```
USE JY
GO
SELECT *
FROM BOOK
ORDER BY interview_times DESC
GO
```

执行结果如图 7-15 所示。

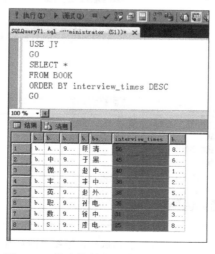

图 7-15　将查询结果由高到低进行排序

查询与统计数据

任务 7.5　使用 GROUP BY 子句分组或统计查询结果

　　GROUP BY 子句的作用是把查询得到的数据集按分组属性划分为若干组,同一个组内所有记录在分组属性上是相同的,在此基础上,使用 HAVING 子句再对每一组使用聚合函数进行分类汇总。在学习过程中要注意下面两个问题。

　　(1) WHERE 子句和 HAVING 关键字都用于过滤数据,两者的区别在于作用对象不同。WHERE 子句作用于数据表或视图,在数据分组之前选择满足条件的记录;HAVING 关键字作用于组,在数据分组之后再选择满足条件的组。另外,WHERE 排除的记录不再包括在分组中。

　　(2) WHERE 子句和 GROUP BY 子句中不能使用聚合函数。但 HAVING 关键字后可以带聚合函数。

　　例 11　在图书表 book 中统计各出版社出版图书的总数。

　　本例按出版社名称 book_publisher 将所有记录分成了若干个组,然后用 COUNT 函数统计每个组里的记录数。

```
USE JY
GO
SELECT book_publisher,count(book_publisher)AS'图书总数'
FROM book
GROUP BY book_publisher
GO
```

　　执行结果如图 7-16 所示。

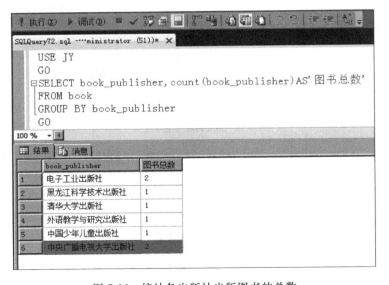

图 7-16　统计各出版社出版图书的总数

例12 在图书表 book 中查询图书借阅次数在 20 次以上，而且出版图书总数大于 1 的出版社。

本例使用 HAVING 对分组进行限制。

```
USE JY
GO
SELECT book_publisher
FROM book
WHERE interview_times > 20
GROUP BY book_publisher HAVING count(book_publisher)>1
GO
```

在使用 GROUP BY 子句时，SELECT 子句中出现的列名，或者出现在聚合函数内，或者出现在 GROUP BY 子句的列表中，否则系统会给出错误信息。

执行结果如图 7-17 所示。

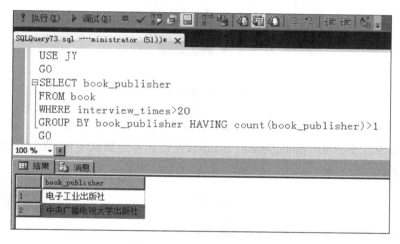

图 7-17　带分组统计的查询

任务 7.6　分组统计查询"图书借阅数据库系统"课堂练习

练习 5：排序查询。查询图书表 book 中所有图书的信息，要求按照 interview_times 列的列值降序排序。

（1）启动 SQL Server Management Studio，连接到本地默认实例，在"查询编辑器"窗口输入语句如下。

```
USE JY
GO
SELECT *
FROM book
ORDER BY interview_times DESC
GO
```

（2）单击"执行"命令，即可看到图 7-18 所示的查询结果。

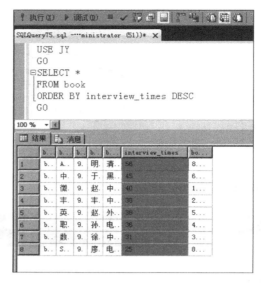

图 7-18　排序查询

练习 6：分组查询。查询读者表 reader 中各专业的男、女生人数。

（1）启动 SQL Server Management Studio，连接到本地默认实例，在"查询编辑器"窗口输入语句如下。

```
USE JY
GO
SELECT reader_department,reader_sex,COUNT( * )AS 人数
FROM reader
GROUP BY reader_department,reader_sex
GO
```

（2）单击"执行"命令，即可看到图 7-19 所示的查询结果。

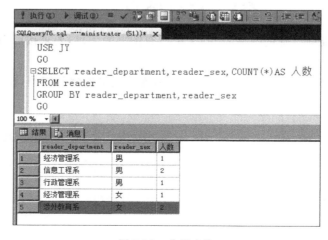

图 7-19　分组查询

练习 7：统计查询。查询借阅记录表 record 中至少借阅了两本图书的读者编号。

（1）启动 SQL Server Management Studio，连接到本地默认实例，在"查询编辑器"窗口输入语句如下。

```
USE JY
GO
SELECT reader_id
FROM record
GROUP BY reader_id HAVING COUNT( * )>= 2
GO
```

（2）单击"执行"命令，即可看到图 7-20 所示的查询结果。

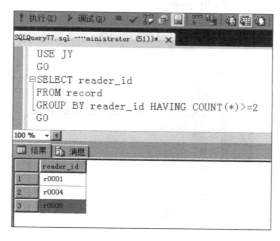

图 7-20　统计查询

任务 7.7　使用子查询

子查询是指一个查询语句嵌套在另一个查询语句内部的查询。在 SELECT 语句中，先执行内层子查询，再执行外层查询，内层子查询的结果作为外层查询的比较条件。查询可以基于一个表或多个表。子查询可以嵌套在 SELECT、INSERT、UPDATE 或 DELECT 语句中，也可以用在 WHERE 子句或 HAVING 关键字中。

1. 使用比较运算符的子查询

子查询可以使用比较运算符，例如＝（等于）、＞（大于）、＜（小于）、＞＝（大于等于）、＜＝（小于等于）、＜＞或!＝（不等于）、!＞（不大于）、!＜（不小于）。

例 13　查询没有借阅编号为"b0005"这本书的读者姓名。

```
USE JY
GO
SELECT reader_name
FROM reader
WHERE reader_id
```

```
<>( SELECT reader_id
     FROM record
     WHERE book_id = 'b0005' )
GO
```

执行结果如图 7-21 所示。

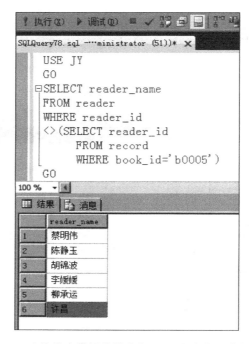

图 7-21　查询没有借阅编号为"b0005"这本书的读者姓名

2. 使用 IN 关键字的子查询

使用 IN 关键字进行子查询时,内层查询语句返回一个数据列值,提供给外层查询进行比较操作。

例 14　查询借阅至少两本书的读者姓名。

```
USE JY
GO
SELECT reader_name
FROM reader
WHERE reader_id
IN( SELECT reader_id
     FROM record
     GROUP BY reader_id HAVING COUNT (reader_id)>= 2)
GO
```

执行结果如图 7-22 所示。

3. 使用 ANY、SOME 和 ALL 关键字的子查询

ANY、SOME 和 ALL 关键字的区别如下。

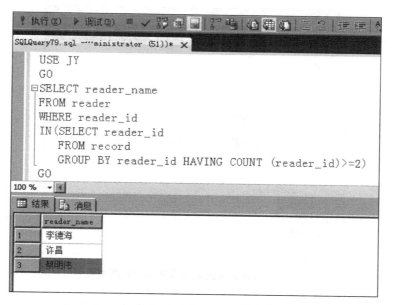

图 7-22　查询借阅至少两本书的读者姓名

　　（1）ANY 和 SOME 关键字是同义词，接在一个比较运算符后面，表示与内层查询的返回值列表进行比较，只要满足内层查询中的任何一个条件，就返回 TRUE。

　　（2）ALL 关键字接在一个比较运算符后面，表示与内层查询的返回值列表进行比较，只有同时满足内层查询中的所有条件，才返回 TRUE。

　　例 15　查询借阅次数最多和最少的图书编号。

```
USE JY
GO
SELECT book_id
FROM book
WHERE interview_times
= any (SELECT MAX(interview_times) FROM book
     UNION
     SELECT MIN(interview_times) FROM book)
GO
```

执行结果如图 7-23 所示。

4. 使用 EXISTS 关键字的子查询

　　（1）EXISTS 关键字后面的参数是一个任意的子查询，当内层查询结果至少返回一个数据行时，EXISTS 的结果为 TRUE。此时，外层查询将进行查询，否则，外层查询语句将不进行查询。

　　（2）NOT EXISTS 与 EXISTS 使用方法相同，返回的结果相反。当内层查询结果至少返回一个数据行时，NOT EXISTS 的结果为 FALSE。此时，外层查询将不进行查询，否则，外层查询语句将进行查询。

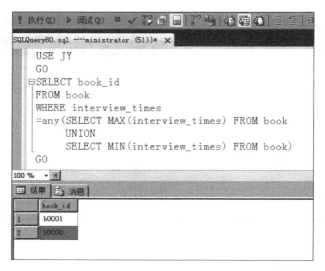

图 7-23 查询借阅次数最多和最少的图书编号

例 16 查询借阅过图书编号为"b0002"图书的读者编号和姓名。

```
USE JY
GO
SELECT reader_id,reader_name
FROM reader
WHERE EXISTS
    ( SELECT *
      FROM record
      WHERE reader_id = reader.reader_id AND book_id = 'b0001')
GO
```

执行结果如图 7-24 所示。

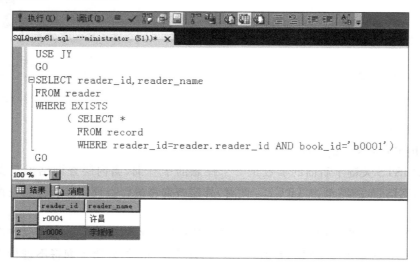

图 7-24 使用 EXISTS 关键字的查询

任务7.8　子查询"图书借阅数据库系统"课堂练习

练习8：IN 嵌套查询。查询编号为"r0006"的读者所借阅图书的书名、作者、出版社。

（1）启动 SQL Server Management Studio，连接到本地默认实例，在"查询编辑器"窗口输入语句如下。

```
USE JY
GO
SELECT book_name,book_author,book_publisher
FROM book
WHERE book.book_id IN
  ( SELECT record.book_id
    FROM record
    WHERE record.reader_id = 'r0006')
GO
```

（2）单击"执行"命令，即可看到图 7-25 所示的查询结果。

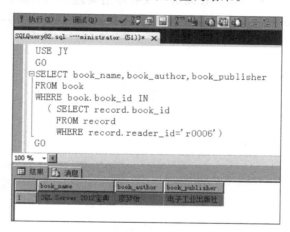

图 7-25　IN 嵌套查询

练习9：比较查询。查询图书价格超过电子工业出版社图书平均单价的图书信息。

（1）启动 SQL Server Management Studio，连接到本地默认实例，在"查询编辑器"窗口输入语句如下。

```
USE JY
GO
SELECT book_name,book_author,book_publisher
FROM book
WHERE book_price>
  ( SELECT AVG(book_price)
    FROM book
    WHERE book_publisher = '电子工业出版社')
GO
```

（2）单击"执行"命令，即可看到图 7-26 所示的查询结果。

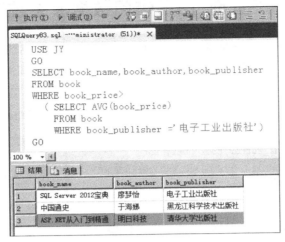

图 7-26　比较查询

练习 10：EXISTS 嵌套查询。查询从来没有被借阅过的图书信息。

（1）启动 SQL Server Management Studio，连接到本地默认实例，在"查询编辑器"窗口输入语句如下。

```
USE JY
GO
SELECT *
FROM book
WHERE NOT EXISTS
    ( SELECT *
      FROM record
      WHERE book_id = book.book_id)
GO
```

（2）单击"执行"命令，即可看到图 7-27 所示的查询结果。

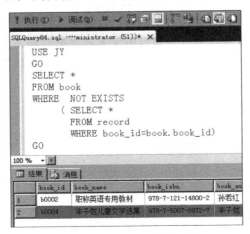

图 7-27　EXISTS 嵌套查询

任务 7.9　使用多表连接查询数据

连接查询是关系数据库中最主要的查询。当两个或多个表中存在相同意义的列时,便可以通过这些列对不同的表进行连接查询。连接的类型有交叉连接、内连接和外连接。

在 SELECT 语句中,连接查询是在 FROM 子句中给定要进行连接查询的表名,再加上连接条件而形成的,与前面介绍的 SELECT 语句相比,区别在于 FROM 和 WHERE 两个子句。此时,FROM 子句的基本语法格式如下。

```
FROM table_name1 JOIN table_name2
ON table_name1.column1 = table_name2.column2
```

或者

```
FROM table_name1, table_name2
WHERE table_name1.column1 = table_name2.column2
```

两种写法的意义和执行结果是一致的,可根据自己的习惯,选择一种表达方式即可。

为了说明连接的概念,下面设计两个简单的表 test1 和 test2,如图 7-28 和图 7-29 所示。使用它们对各种连接的过程和结果进行说明。

1. 交叉表连接查询

使用 CROSS JOIN 子句将一个以上的表连接起来的查询称为交叉连接查询。这种连接查询的输出结果为笛卡儿积。在两个表进行交叉连接时,test1 表的每一行与 test2 表中的每一行进行连接,交叉连接结果集行数为 12,列数为 4,如图 7-30 所示,其中,前两列为 test1 表的列,后两列为 test2 表的列。

图 7-28　test1 表

图 7-29　test2 表

图 7-30　交叉表连接查询

分析执行结果可知,表中存在很多无意义的数据。因此,交叉表连接查询是一种很少使用的连接,因为查询结果笛卡儿积中含有很多没有具体意义的数据。

2. 内连接查询

去除交叉连接查询结果中没有具体意义的数据,只保留满足连接条件的数据行的连接称为内连接,使用 JOIN 子句进行连接。内连接查询包括等值连接查询、自然连接查询、比较连接查询和自连接查询。内连接是通过公共键建立数据表与数据表之间的连接,即:主表.主键=从表.外键,连接条件写在 ON 子句中,对来自 n 个表(或视图)的查询要写 n-1 个连接条件。

图 7-31　等值连接查询

1) 等值连接查询

等值连接查询是将连接两个表的公共列进行相等比较的连接。如果表与表之间的连接不是使用"="进行连接,而是使用比较运算符进行连接,则称为比较连接查询。

等值连接首先将要连接的表进行笛卡儿积运算,然后消除不满足连接条件的数据行。因此,查询结果中存在完全相同的两个列,如图 7-31 所示。

2) 自然连接查询

自然连接查询是一种特殊的等值连接查询,是在等值连接中只保留一个连接列的连接,如图 7-32 所示。

与等值连接相比,自然连接查询要求参加比较的两个列必须同名同类型,而且结果集中去掉了重复列。我们使用最多的是自然连接查询,因为表之间的连接需要对应的外键值相等时连接才有意义。

因为 test1 表和 test2 表中都有 sno 列,因此,需要在列名前加上表名以示区别。否则,在查询执行过程中会出现"列名 sno 不明确"的错误提示,如图 7-33 所示。

图 7-32　自然连接查询

图 7-33　查询时出现"列名 sno 不明确"的错误提示

3）自连接查询

自连接查询是一个表和它自身进行连接，是多表连接的特殊情况。为了查询同名的读者，采用自连接查询。为了方便查询时对表列的引用，简化连接条件的书写，先在 FROM 子句中为读者表 reader 分别定义了两个不同的别名，然后使用这两个别名写出一个连接条件，如图 7-34 所示。从查询结果可以看到，同名的读者被查询出来。

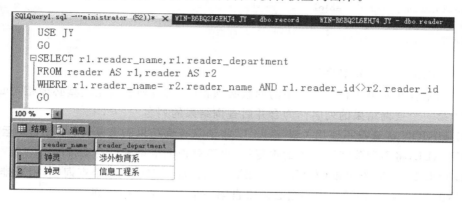

图 7-34　查询同名读者的自连接查询

在内连接查询中，除了连接条件，还可以包含其他限制查询条件。

例 17　查询编号为"r0007"读者的姓名、所在院系以及所借阅图书的书名。

```
USE JY
GO
SELECT reader_name,reader_department,book_name
FROM book,reader,record
WHERE book.book_id = record.book_id AND
      reader.reader_id = record.reader_id AND
      record.reader_id = 'r0007'
GO
```

执行结果如图 7-35 所示。

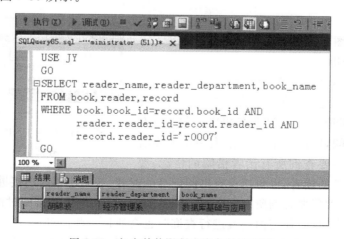

图 7-35　包含其他限制查询条件的查询

3. 使用 UNION 运算符合并查询结果

利用 UNION 运算符,可以连接多条 SELECT 语句,并将它们的结果组合成单个结果集。合并时,两个表对应的列数和数据类型必须相同。

UNION 运算符的基本语法格式:

```
SELECT column , … FROM table1
UNION [ALL]
SELECT column , … FROM table2
```

使用 UNION 运算符必须注意以下几点。

(1) 用来合并的每个查询结果中的列数必须相同,对应列的数据类型必须相同或兼容。

(2) 第一个查询结果的列名作为合并后查询结果的列名。

(3) UNION 运算符不使用关键字 ALL,将消除查询结果的重复行;UNION 运算符使用关键字 ALL,将不消除查询结果的重复行,也不对查询结果进行自动排序。

(4) ORDER BY 子句和 COMPUTE BY 子句只能用在最后一个查询中,用来排序和汇总合并后的查询结果,但排序的列名必须来自第一个查询结果中的列名。

(5) GROUP BY 子句和 HAVING 关键字仅用在其他查询中,不可用于最后的合并结果中。

(6) UNION 运算符可以和 INSERT 语句一起使用。

例 18 查询借阅次数大于 40 和图书编号为"b0006"的图书书名。

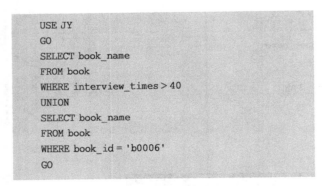

```
USE JY
GO
SELECT book_name
FROM book
WHERE interview_times > 40
UNION
SELECT book_name
FROM book
WHERE book_id = 'b0006'
GO
```

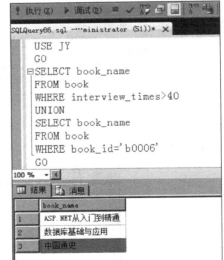

图 7-36 使用 UNION 运算符合并
查询结果

执行结果如图 7-36 所示。

4. 外连接查询

内连接查询返回的是符合查询条件和连接条件的行。但是存在这样的情况:有些读者没有借阅图书,因此在借阅记录表中就没有相应的信息;有些图书没有被借阅,因此在借阅记录表中也就没有相应的信息。如果要查询所有读者借阅的情况,要求包括有借阅记录的读者,也包括没有借阅记录的读者,这时使用内连接进行查询时会滤掉一些信息。同样,如果要查询所有图书被借阅的情况,要求包括被借阅过的图书,也包括没有被借阅过的图书,这时使用内连接进行查询时也会滤掉一些信息。

外连接查询的结果集中不但包含满足连接条件的记录外,还包括相应数据表中的所有行,从而解决了内连接查询所产生的显示信息不完整的问题。

外连接分为左外连接、右外连接和全外连接。实现左外连接和右外连接的关键是,首先确定需要保证哪个表的信息完整,再根据该表是位于 JOIN 关键字的左侧还是右侧决定进行左外连接查询还是右外连接查询。而全外连接查询,则同时实现了左外连接查询和右外连接查询的功能。

1)左外连接查询

左外连接查询在对两个数据表进行内连接查询结果的基础上,增加不满足连接条件的那些数据行,这些数据行的右表的列值显示为空值(NULL)。执行结果如图 7-37 所示。

从图 7-37 可以看到,没有滤掉 test1 中的赵六六数据行,赵六六数据行的 test2 表的 age 列值显示为 NULL。

2)右外连接查询

右外连接查询在两个数据表进行内连接查询结果的基础上,增加不满足连接条件的那些数据行,这些数据行的左表的列值显示为空值(NULL),为了查询结果的显示,在 test2 表中增加了一行数据"104 21",而该 sno＝'104'在 test1 表中并不存在。如图 7-38 所示。

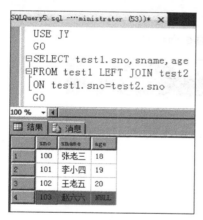

图 7-37　左外连接查询结果

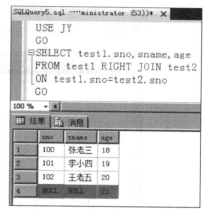

图 7-38　右外连接查询结果

从图 7-38 可以看到,没有滤掉 test2 表中 sno＝'104'的数据行,而 sno＝'104'的数据行在 test1 表中的 sno 和 sname 的列值显示为 NULL。

左外连接和右外连接都是针对使用表所在的位置而言的。实现左外连接和右外连接的关键是,首先确定需要保证哪个表的信息完整,容纳后再根据该表是位于 JOIN 关键字的左侧还是右侧决定进行左外连接还是右外连接。

3)全外连接查询

全外连接查询返回两个数据表中所有的记录,不论是否满足连接条件,只不过在相应的列中显示为空值(NULL),如图 7-39 所示。

从图 7-39 可以看到,为了在外连接的查询结果中

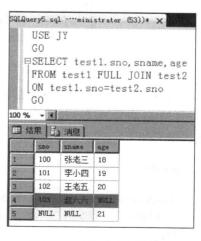

图 7-39　全外连接查询结果

查询与统计数据

不滤掉 test1 中的赵六六数据行和 test2 表中 sno＝'104'的数据行,即同时实现左外连接查询和右外连接查询的功能,就要使用全外连接。

任务 7.10　连接查询"图书借阅数据库系统"课堂练习

练习 11:查询借阅了图书编号为"b0004"图书的读者姓名,以及该图书的书名、出版社。

(1) 启动 SQL Server Management Studio,连接到本地默认实例,在"查询编辑器"窗口输入语句如下。

```
USE JY
GO
SELECT reader_name, book_name, book_publisher
FROM book, reader, record
WHERE book.book_id = record.book_id AND
    reader.reader_id = record.reader_id AND
    record.book_id = 'b0008'
GO
```

(2) 单击"执行"命令,即可看到图 7-40 所示的查询结果。

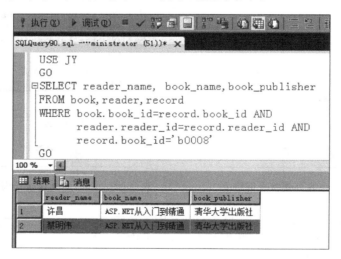

图 7-40　谓词连接查询

练习 12:查询每本图书的借阅情况。

(1) 启动 SQL Server Management Studio,连接到本地默认实例,在"查询编辑器"窗口输入语句如下。

```
USE JY
GO
SELECT book.book_id, record.reader_id, record.borrow_date
FROM book JOIN record ON book.book_id = record.book_id
GO
```

（2）单击"执行"命令，即可看到图 7-41 所示的查询结果。

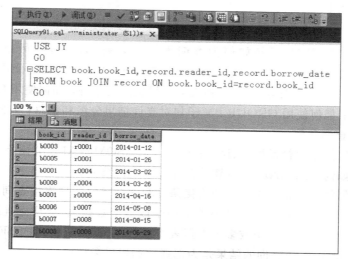

图 7-41　内连接查询

练习 13：查询每本图书的借阅情况。

（1）启动 SQL Server Management Studio，连接到本地默认实例，在"查询编辑器"窗口输入语句如下。

```
USE JY
GO
SELECT book.book_id,record.reader_id,record.borrow_date
FROM book LEFT JOIN record ON book.book_id = record.book_id
GO
```

（2）单击"执行"命令，即可看到图 7-42 所示的查询结果。

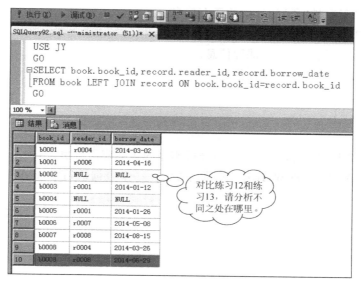

图 7-42　外连接查询

查询与统计数据

项目小结

（1）学习在 SELECT 子句如何为查询添加计算列、如何查看最新记录、如何使用 DISTINCT 查询不重复记录、如何使用表别名；在 WHERE 子句如何使用逻辑运算符、比较运算符、范围运算符、列表运算符、模糊查询等设置查询条件；如何使用 ORDER BY 子句对查询结果排序；如何使用 GROUP BY 子句对查询结果分组和汇总；如何使用 HAVING 子句对分组设置查询条件。

（2）学习如何使用比较运算符、IN 关键字、ANY/SOME/ALL 关键字、EXISTS 关键字实现嵌套查询；如何使用 UNION 运算符合并多个查询结果。

（3）学习如何根据需要写出正确的连接条件和查询条件实现连接查询。

（4）连接查询和嵌套查询可能都要涉及两个或多个数据表，要注意连接查询与子查询的区别：连接查询可以合并两个或多个数据表中的数据，而带子查询的 SELECT 语句的结果只能来自一个数据表，子查询的结果是为选择数据提供参照的。

（5）有些查询可以用子查询实现，也可以用连接查询实现。通常使用子查询可以将复杂的查询分解为一系列的逻辑步骤，条理清晰；而使用连接查询时执行速度比较快。

课程实训

在学生选课系统 xk 的实训中，完成：

（1）查询课程表中的所有数据。

（2）查询班级表中"班级名称"和"系部编号"这两个列的数据。

（3）查询选修表中的前 5 行数据。

（4）查询选修表中选修人数最少和最多的三门课程。

（5）查询周二晚上上课的教师和所上的课程名称。

（6）查询姓"王"、姓"段"的学生的所有信息。

（7）查询 13 级计算机信息班的选修情况。

（8）查询学生王语嫣选修的课程信息。

（9）查询没有学生选修的课程信息。

思考练习

（1）排序时 NULL 值如何处理？请分析排序的实际应用价值。

（2）比较 HAVING 和 WHERE 的使用方法。一个查询语句中，HAVING 是否可以单独使用？

项目 8 创建与管理视图

项目 8

项目目标

(1) 理解视图的概念，了解视图的作用。
(2) 会创建视图。
(3) 会管理视图，包括修改视图、查看视图信息、重命名视图和删除视图。
(4) 会使用视图。

项目陈述

在"图书借阅数据库系统"中，图书管理员需要经常查询借阅了图书的读者姓名，以及他们借阅的图书名称。读者需要经常查询图书借阅的信息，也即用户感兴趣的不是所有数据。为了简化用户的查询操作，而又不增加数据的存储空间，可以在"图书借阅数据库系统"中创建视图，并在需要的时候修改或删除视图。

任务 8.1 创建视图

任务 8.2 管理视图

任务 8.3 使用视图

项目准备

视图是数据库系统中的一个数据库对象，是由查询语句构成的，从一个或几个基本表（或视图）导出的虚拟表。数据库只保存视图的定义，而其中的数据是在引用视图时由DBMS 系统根据定义动态生成的。视图给用户提供了一种从不同角度使用数据库中数据的重要机制。

(1) 让用户只着重于感兴趣的数据而不是所有数据，不必要的数据不会出现在视图中。

(2) 增强数据的安全性，基本表中的数据不直接面对用户，用户只能看到视图中定义的数据。

(3) 简化数据操作，将经常使用的查询定义为视图，用户只需浏览视图即可。

8.1 视 图 概 述

图 8-1 是数据库系统的内部体系结构。在关系数据库中，内模式对应于存储文件，模式对应于数据表，外模式对应于视图。其中，外模式可以有多个，模式与内模式均只能有一个。

内模式是整个数据库实际存储的表示,模式是整个数据库实际存储的抽象表示,外模式是概念模式的某一部分的抽象表示。从图 8-1 的分析可以知道,视图可以在不同数据库的不同基本表中建立。由此可见,视图隐藏了数据库设计的复杂性,开发者可以在不影响用户使用数据库的情况下改变数据库内容,即使基本表发生更改或重新组合,用户仍能够通过视图获得一致的数据。

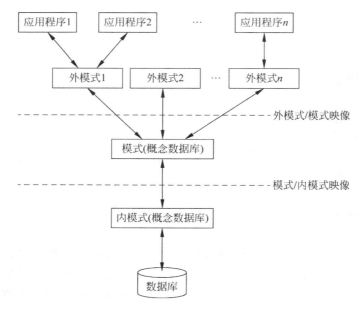

图 8-1　数据库系统的三级模式两级映像

从另一方面看,视图也是一种安全机制。以视图的方式为用户定制个人使用的表,可以将不需要的、敏感的或是不适当的数据控制在视图之外。基本表的其余部分是不可见的,也不能进行访问,这在一定程度上简化了数据库用户管理,提高了数据库安全性能。

8.2　视图的应用

在 SQL Server 中,视图分为标准视图、索引视图和分区视图三种,下面重点介绍标准视图。标准视图也即普通视图,存储 SELECT 查询语句。这类视图主要是组合一个或多个基本表中的数据,重点是简化数据操作。其常见的应用主要有以下几种。

1. 显示来自基本表的部分行数据

例如,张三只想了解"清华大学出版社"出版的图书情况,而李四只想了解"丰子恺"的著作,这些数据行都来自图书表 book。不同的用户看到来自图书表 book 的不同数据行。

2. 显示来自基本表的部分列数据

例如,张三只想了解"清华大学出版社"出版的书名,而李四只想了解"丰子恺"著作的价格。这时,可以定义一个只显示 book_name 列和 book_price 列的视图,这样,用户只能看到视图显示的两列数据,看不到图书表 book 的其他列数据。

3. 将由两个或多个基表、视图组成的复杂查询创建为视图

例如,王五想看到查询借阅了图书的读者姓名,以及他们借阅的图书名称,这些数据来自不同表的多个列,可以将来自多个表的 SELECT 语句定义为视图,使得用户看着这些数据像在一个表中一样。

课前小测

1. 下列有关视图的叙述不正确的是(　　　)。
  A. 视图所引用的数据是在被引用时动态生成的
  B. 视图包含一系列带有名称的列和行数据,但不以数据值集的形式存在
  C. 视图是一个虚表,其内容由查询定义
  D. 通过视图进行数据的查询和修改都没有限制
2. SQL 中的视图提高了数据库系统的(　　　)。
  A. 完整性   B. 并发控制
  C. 隔离性   D. 独立性
3. 视图能够对数据提供安全保护功能是指(　　　)。
  A. 可以使用户将注意力集中到最关心的数据上
  B. 简化用户的数据查询操作
  C. 对不同用户定义不同的视图,使重要的数据不出现在不应看到这些数据的用户视图上
  D. 用户无须了解视图这个虚表是如何产生的
4. SQL 的视图是从(　　　)中导出的。
  A. 基本表   B. 视图
  C. 基本表或视图   D. 数据库
5. 在视图上不能完成的操作是(　　　)。
  A. 更新视图   B. 查询
  C. 在视图上定义新的表   D. 在视图上定义新的视图

项目实施

任务 8.1　创 建 视 图

创建视图和创建数据表一样,可以使用 SQL Server Management Studio 和 Transact-SQL 语句两种方式。

视图的创建者必须拥有创建视图的权限才可以创建视图,同时,也必须对定义视图时所引用的表具有相应的权限。

1. 使用 CREATE VIEW 语句创建视图

CREATE VIEW 语句的基本语法格式如下:

```
CREATE VIEW view_name [column_list]
[WITH ENCRYPTION]
AS select_statment
[WITH CHECK OPTION]
```

参数说明如下。

（1）view_name：视图的名称。

（2）column_list：视图中使用的列名表。组成视图的列名或者全部省略或者全部指定，不能指定一部分列名。如果省略了视图的列名，则该视图的列名表与 SELECT 子句中的列名表一致。下列情况则必须明确指定视图的列名表，或者在 SELECT 子句中为列指定别名。

① 某个目标列不是基本表中的列，而是通过基本表中的列计算得来的，包括聚合函数和算术表达式。

② 多表连接时选择了几个同名列作为视图的列。

③ 需要在视图中为某个列指定别名。

（3）WITH ENCRYPTION：对视图的定义进行加密。

（4）AS 子句：指定视图要进行的操作。

（5）select_statement：定义视图的 SELECT 语句，AS 后面只能有一条 SELECT 语句。利用 SELECT 命令从数据表或视图中选择列构成新视图的列时，不能使用 ORDER BY 子句、COMPUTE BY 子句、INTO 关键字，也不能引用临时表。

（6）WITH CHECK OPTION：强制要求对视图中的数据进行修改时，必须符合视图定义中查询设置的条件，以确保修改的数据提交后，仍可通过视图看到该数据。

例 1 创建视图，用于查看借阅次数大于 30 次的图书信息。

该例创建的视图显示来自基本表的部分行数据。

（1）启动 SQL Server Management Studio，连接到本地默认实例，在"查询编辑器"窗口输入创建视图的语句如下。

```
USE JY
GO
CREATE VIEW v_book
AS
  SELECT *
  FROM book
  WHERE interview_times > 30
GO
```

（2）单击"执行"命令，即可得到结果，如图 8-2 所示。

例 2 创建视图，用于查看借阅了图书的读者姓名，以及他们借阅的图书名称。

该例将由两个或多个基表、视图组成的复杂查询创建为视图。

（1）启动 SQL Server Management Studio，连接到本地默认实例，在"查询编辑器"窗口

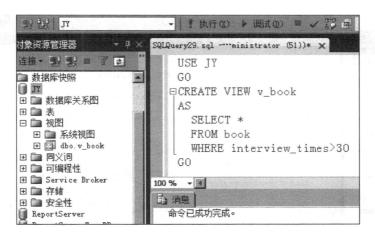

图 8-2   创建简单视图 v_book

输入创建视图的语句如下。

```
USE JY
GO
CREATE VIEW v_record(reader_name, book_name)
AS
    SELECT reader. reader_name, book. book_name
    FROM reader, book, record
    WHERE reader. reader_id = record. reader_id AND book. book_id = record. book_id
GO
-- 或者采用下面的语句形式: 新版的 SQL 把查询连接条件从 WHERE 子句转移到 FROM 子句中。
USE JY
GO
CREATE VIEW v_record
AS
    SELECT reader. reader_name, book. book_name
    FROM record JOIN reader
    ON reader. reader_id = record. reader_id
    JOIN book
    ON book. book_id = record. book_id
GO
```

(2) 单击"执行"命令,即可得到结果,如图 8-3 所示。

例 3   创建视图,用于查询访问次数大于 30 次的图书名称和借阅次数,并在视图中为列指定别名。

该例基于视图 v_book 创建视图。

(1) 启动 SQL Server Management Studio,连接到本地默认实例,在"查询编辑器"窗口输入创建视图的语句如下。

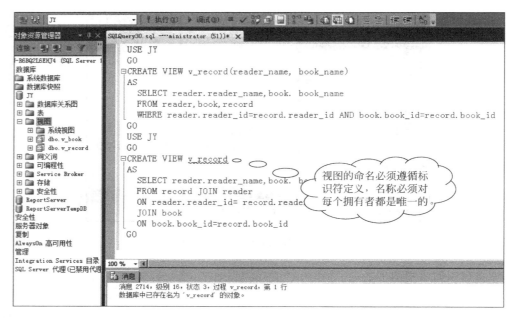

图 8-3　创建视图 v_record

```
USE JY
GO
CREATE VIEW v_newbook (图书名称,借阅次数)
AS
  SELECT book_name, interview_times
  FROM v_book
GO
-- 也可以采用下面的语句形式: 在 SELECT 子句中为视图的列指定别名。
USE JY
GO
CREATE VIEW v_newbook
AS
  SELECT book_name AS '图书名称', interview_times AS '借阅次数'
  FROM v_book
GO
```

（2）单击“执行”命令，即可得到结果，如图 8-4 所示。

图 8-4　查询基于视图的视图，并给视图字段加上别名

例 4 创建带 WITH ENCRYPTION 选项的视图

如果在创建 v_book2 视图时使用 WITH ENCRYPTION 来加密定义语句,则视图 v_book2 图标显示加了把锁;右击 v_book2 选项,在弹出的快捷菜单中"设计"菜单命令显示为不可用,如图 8-5 所示。

图 8-5 创建带 WITH ENCRYPTION 选项的视图

右击 v_book 选项,在弹出的快捷菜单中选择"编写视图脚本为"→"CREATE 到"或"ALTER 到"或"DROP 和 CREATE 到"级联菜单命令,系统都将提示无访问权限,如图 8-6 所示。也即经过加密后的视图,用户将无法查看和修改其原始定义。

图 8-6 系统提示信息

例 5 创建带 WITH CHECK OPTION 选项的视图

WITH CHECK OPTION 选项表示对视图进行 UPDATE、INSERT、DELETE 操作时,要保证更新、插入或删除的记录满足视图定义中查询的条件表达式。

(1) 启动 SQL Server Management Studio,连接到本地默认实例,在"查询编辑器"窗口输入创建带 WITH CHECK OPTION 选项的视图的语句如下。

```
USE JY
GO
```

```
CREATE VIEW v_book3
AS
  SELECT *
  FROM book
  WHERE interview_times > 30
WITH CHECK OPTION
GO
```

（2）单击"执行"命令，即可得到结果，如图 8-7 所示。

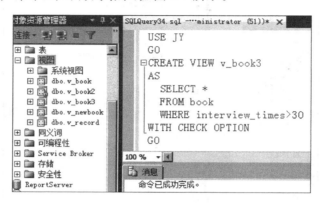

图 8-7 带 WITH CHECK OPTION 选项的视图

由于在定义 v_book3 视图时加了 WITH CHECK OPTION 选项，之后再对该视图的数据进行插入、更新和删除操作时，DBMS 会自动加上"interview_times＞30"的条件。例如，如果通过此视图将 book-id 为"b0002"的图书的借阅次数更新为 20 次时，由于不符合定义视图时的 SELECT 子句中的条件，将导致更新失败，如图 8-8 所示。

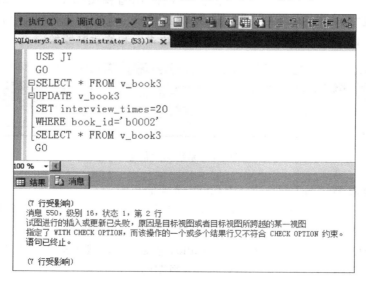

图 8-8 数据更新失败的系统提示

2. 在 SQL Server Management Studio 中创建视图

使用 SQL Server Management Studio 创建视图的具体步骤如下。

（1）启动 SQL Server Management Studio，连接到本地默认实例，在"对象资源管理器"窗口中依次展开"数据库"→JY 选项。

（2）右击"视图"选项，在弹出的快捷菜单中选择"新建视图"菜单命令，打开"添加表"对话框，如图 8-9 所示。

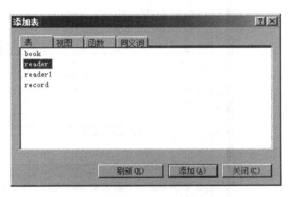

图 8-9 "添加表"对话框

（3）在"添加表"对话框中选择定义视图的基本表 reader，单击"添加"按钮，打开"视图设计器"窗口，在"关系图"窗格中显示所选的基本表，如图 8-10 所示。单击"添加表"对话框中的"关闭"按钮。

（4）在"视图设计器"的"关系图"窗格中选择定义视图所需的列，根据实际需要在"条件"窗格中设置筛选条件。此时，SQL 窗格中已经自动生成了定义视图的语句，如图 8-11 所示。

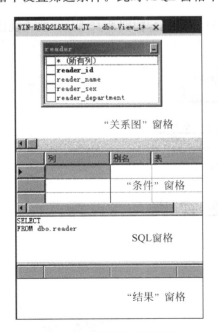

图 8-10 "视图设计器"窗口

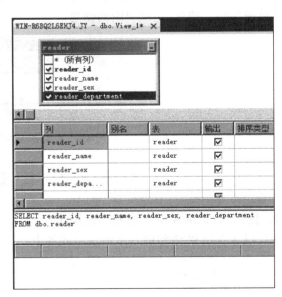

图 8-11 "视图设计器"窗口

创建与管理视图

（5）单击工具栏上的"执行"按钮，在"视图设计器"的"结果"窗格中将显示视图的执行情况。如图 8-12 所示。

图 8-12　"视图设计器"的"结果"窗格

（6）单击工具栏上的"保存"按钮，弹出"选择名称"对话框，如图 8-13 所示，输入视图的名称，单击"确定"按钮，完成视图的创建。

图 8-13　"选择名称"对话框

任务 8.2　管理视图

1. 使用 ALTER VIEW 语句修改视图

ALTER VIEW 语句的基本语法格式如下：

```
ALTER VIEW view_name [column_list]
[WITH ENCRYPTION]
AS select_statment
```

从命令格式中可以看出，该语句只是将创建视图的命令动词 CREATE 换成了 ALTER，其他语法格式完全一样。实际上相当于先删除旧视图，然后再创建一个新视图。

例 6 修改视图 v_record，使其能查看读者姓名、借阅图书名称和借阅时间，并显示列名为"读者姓名"、"借阅图书名称"和"借阅时间"。

（1）启动 SQL Server Management Studio，连接到本地默认实例，在"查询编辑器"窗口输入修改视图的语句如下。

```
USE JY
GO
ALTER VIEW v_record
AS
    SELECT reader.reader_name AS '读者姓名', book.book_name AS '图书名称',
        record. borrow _date AS '借阅时间'
    FROM record JOIN reader
    ON record. reader_id = reader. reader_id
    JOIN book
    ON book. book_id = record. book_id
GO
```

（2）单击"执行"命令，即可得到结果，如图 8-14 所示。

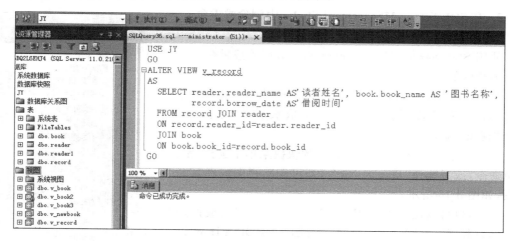

图 8-14　修改 v_record 视图

2. 在 SQL Server Management Studio 中修改视图

使用 SQL Server Management Studio 修改视图的具体步骤如下。

（1）启动 SQL Server Management Studio，连接到本地默认实例，在"对象资源管理器"窗口中依次展开"数据库"→JY→"视图"选项。

（2）右击 v_record 选项，在弹出的快捷菜单中选择"设计"菜单命令，打开"视图设计器"窗口，如图 8-15 所示。

（3）在"视图设计器"窗口直接进行修改，然后单击工具栏上的"执行"按钮，完成修改操作。

创建与管理视图

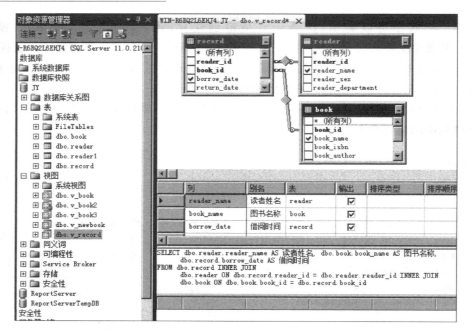

图 8-15 修改视图 v_record

3. 在 SQL Server Management Studio 中删除或重命名视图

使用 SQL Server Management Studio 删除或重命名视图的具体步骤如下。

（1）启动 SQL Server Management Studio，连接到本地默认实例，在"对象资源管理器"窗口中依次展开"数据库"→JY→"视图"选项。

（2）右击 v_record 选项，在弹出的快捷菜单中选择"删除"菜单命令，或者选择"重命名"命令，即可删除视图或者重命名视图，如图 8-16 所示。

此外，也可以使用 DROP VIEW 语句删除视图或使用系统存储过程 SP_RENAME 重命名视图。DROP VIEW 语句删除视图或系统存储过程 SP_RENAME 重命名视图的基本语法格式如下。

图 8-16 操作 v_record 视图的
快捷菜单

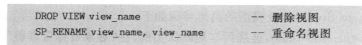

```
DROP VIEW view_name                    -- 删除视图
SP_RENAME view_name, view_name         -- 重命名视图
```

任务 8.3 使用视图

1. 更新视图

更新视图是指通过视图来更新基本表中的数据，包括插入、更新和删除基本表中的数

据。由于视图是一个虚拟表,通过视图更新数据都是通过转到基本表进行的。更新视图需要注意以下几点。

(1) 不能同时更新两个或多个基本表。

(2) 不能更新视图中通过计算得到的列。

例7 通过视图 v_reader 向基本表 reader 插入新数据。

(1) 启动 SQL Server Management Studio,连接到本地默认实例,在"查询编辑器"窗口输入更新视图的语句如下。

```
USE JY
GO
SELECT * FROM reader
INSERT INTO v_reader
    VALUES('r0009','钟灵','女','信息工程系')
SELECT * FROM reader
GO
```

(2) 单击"执行"命令,即可得到结果,如图 8-17 所示。对比插入前后基本表 reader 的变化,可以看到在视图 v_reader 中执行 INSERT 命令,实际上就是向基本表插入一条记录。

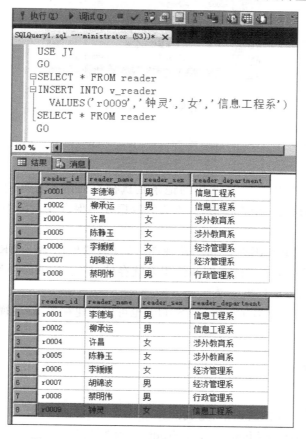

图 8-17   通过视图 v_reader 插入新读者"钟灵"

创建与管理视图

2. 使用视图

对视图可以像使用基本表那样操作。可以通过查询语句查看视图的显示结果。

（1）启动 SQL Server Management Studio，连接到本地默认实例，在"查询编辑器"窗口输入查询视图的语句如下。

```
SELECT  *
FROM v_book3
GO
```

（2）单击"执行"命令，即可得到查询结果，如图 8-18 所示。

图 8-18　使用视图

项目小结

（1）视图是一个虚拟的表，该表中的记录是执行查询语句后得到的查询结果所构成。因此，视图中存储的只是一个查询语句，相关的数据并不保存在视图中，而是保存在被引用的数据表中。

（2）使用 CREATE VIEW 语句创建视图，以及后续使用 ALTER VIEW 语句修改视图、使用 DROP VIEW 语句删除视图和使用系统存储过程 SP_RENAME 重命名视图的方法和对数据表操作的方法如出一辙。

（3）使用 SQL Server Management Studio 也可以创建视图、修改视图、重命名视图和删除视图。

课程实训

在学生选课系统 xk 的实训中，完成：

（1）使用 SQL Server Management Studio 创建"课程"视图，显示课程名称、教师、上课时间和学生人数。

（2）使用 Transact-SQL 创建"选课"视图，显示学生姓名和课程名称。

（3）使用 Transact-SQL 创建视图，统计每个系部开设课程的门数。

思考练习

（1）视图和基本表的区别和联系分别是什么？

（2）创建视图的作用是什么？

（3）加密视图是对什么进行加密？系统管理员能看到加密视图的脚本吗？如何保存加密视图的脚本？

项目 9 创建与管理索引

项目目标

（1）理解索引的作用，了解索引的使用时机。

（2）会根据需要创建索引。

（3）会管理索引，包括重命名、删除和维护索引。

项目陈述

不论是读者还是图书管理员，都会经常查看读者表 reader、图书表 book 或借阅记录表 record 中的数据。因此，提高查询数据的速度是我们在使用数据库时非常关注的问题。

任务 9.1　在读者表 reader 的 reader_name 列上建立非聚集索引 i_name

任务 9.2　删除读者表 reader 中 reader_name 列的索引 i_name

任务 9.3　将读者表 reader 中的索引 i_name 重命名为 ix_name

任务 9.4　维护读者表 reader 中的索引 i_name

项目准备

索引基于数据表或视图建立，是一个单独的、存储在磁盘上的数据库结构，可以加快从表或视图中检索行的速度。在 SQL Server 中索引是在创建表时由系统自动创建或由用户根据查询需要来专门建立。而索引的使用是系统根据查询的需要自动选择调用的，不需要用户的参与。

9.1 索引简介

我们知道，通过目录中给出的章节页码，可以快速查找而不是逐页查找指定图书的内容。数据库中的索引与图书中的目录类似，索引指针指向数据表中指定字段的数据值，然后指定索引指针的排序方式，就可以通过查询索引指针找到特定的数据值，从而快速找到所需要的记录。没有索引，SQL Server 则会搜索表中的所有数据行（这种遍历每一行记录并完成查询的过程叫作表扫描）以找到匹配结果。那么，是不是使用索引进行查询总是比用表扫描的方式进行查询快呢？如果用户要查找一个较少数据行的表中的某些数据，或者要查找一个很多数据行的表中的绝大多数数据,那么,使用表扫描是更为实用的方法。如果要在一个很多数据行的表中查找有限的数据,使用索引则是一个最好的选择。

9.2　索引的分类

表或视图有以下两种基本类型的索引。

1. 聚集索引

聚集索引指数据表中数据行的物理存储顺序与索引顺序完全相同。每个数据表只能有一个聚集索引。聚集索引一般创建在数据表中经常搜索的列或按顺序访问的列上。在默认情况下,SQL Server 为主关键字约束自动创建聚集索引。

2. 非聚集索引

非聚集索引只对索引列进行逻辑排序,建立索引页以保存索引列的逻辑排序位置。通常,设计非聚集索引是为了改善经常使用而又没有建立聚集索引的查询性能。查询优化器在搜索数据值时,先搜索非聚集索引以找到数据值在数据表中的位置,然后直接从该位置检索数据。这使得非聚集索引成为完全匹配查询的最佳选择。在数据表或视图中,最多可以建立 250 个非聚集索引,或者 249 个非聚集索引和 1 个聚集索引。非聚集索引可以通过以下几种方法实现。

(1) PRIMARY KEY 和 UNIQUE 约束;

(2) 独立于约束的索引;

(3) 索引视图的非聚集索引。

此外,还有唯一索引、包含索引、索引视图、全文索引、XML 索引等。

9.3　索引的使用时机

一方面,索引可以提高查询速度,另一方面,过多地创建索引会占据大量的磁盘空间。所以,数据库管理员在创建索引时必须权衡利弊。

(1) 索引的优点主要表现在以下几个方面。

① 通过创建唯一索引,可以保证数据表中每一行数据的唯一性。

② 可以加快数据的查询速度。

③ 实现数据的参照完整性,加快表与表之间的连接。

④ 使用分组和排序子句进行数据查询时,可以显著减少分组和排序的时间。

(2) 索引的缺点主要表现在以下几个方面。

① 创建索引和维护索引要消耗时间,并且随着数据量的增加所消耗的时间也会增加。

② 索引需要占用磁盘空间。如果包含大量的索引,索引文件可能比数据库文件更快达到最大文件的限制。

③ 当对数据表中的数据进行插入、删除和修改的时候,索引也要动态地维护,降低了数据的维护速度。

（3）适合建立索引的情况如下。

① 经常被查询搜索的列。

② 在 ORDER BY 子句中使用的列。

③ 是外键或主键的列。

④ 列值唯一的列。

（4）不适合创建索引的情况如下。

① 在查询中很少被引用的列。

② 表中含有太多重复值的列。

③ 数据类型为 bit、text、image 等的列不能创建索引。

例如，经常需要根据读者编号或者姓名查询读者的借阅信息，因此，可以在读者表 reader 上建立两个索引：一个基于读者编号列的索引，一个基于姓名列的索引。因为读者编号是主键，我们创建了唯一的聚集索引。而姓名可能出现重复，同时读者表 reader 只能建立一个聚集索引，所以基于姓名列要创建的是非唯一的非聚集索引。

 课前小测

1. 下列关于索引的说法不正确的是（　　）。

    A. 索引与基本表分开存储

    B. 索引一经建立就需要人工以手动的方式进行维护

    C. 索引的建立或撤销不会改变基本表的数据内容

    D. 索引会在一定程度上影响增删改操作的效率

2. 建立索引的目的是（　　）。

    A. 降低 SQL Server 数据检索的速度　　　B. 与 SQL Server 数据检索的速度无关

    C. 加快数据库的打开速度　　　D. 提高 SQL Server 数据检索的速度

3. （　　）是表中数据和相应存储位置的列表。

    A. 视图　　　　　　B. 存储过程　　　　　　C. 索引　　　　　　D. 游标

4. 下列哪个情况满足了使用索引的原则？（　　）

    A. 在有大量数据且更新少、查询多的表上使用多个索引

    B. 在经常更新的表上建立聚集索引

    C. 在经常更新的表上建多个索引

    D. 在小表上建立索引

5. 下列有关聚集索引的叙述不正确的是（　　）。

    A. 一个表只能有一个聚集索引

    B. 聚集索引指表中数据行的物理存储顺序与索引顺序完全相同

    C. 聚集索引的数据行不一定按照聚集索引键的顺序排序和存储

    D. 使用聚集索引查询的速度比非聚集索引速度快

任务 9.1　在读者表 reader 的 reader_name 列上建立非聚集索引 i_name

索引可以在创建数据表时创建，也可以在创建数据表之后的任何时候创建。要提高按照读者姓名查询信息的速度，就需要在读者表 reader 的读者姓名 reader_name 列上建立非聚集索引 i_name。

1. 使用 SQL Server Management Studio 创建索引

在 SQL Server Management Studio 中创建索引的具体操作步骤如下。

（1）启动 SQL Server Management Studio，连接到本地默认实例，在"对象资源管理器"窗口中依次展开"数据库"→JY→"表"选项，然后展开需要创建索引的数据表，右击"索引"选项，在弹出的快捷菜单中选择"新建索引"→"非聚集索引"菜单命令。

（2）打开"新建索引"窗口，选择"常规"选项卡，如图 9-1 所示，在该选项卡中设置索引的名称、索引类型、是否唯一索引等内容。

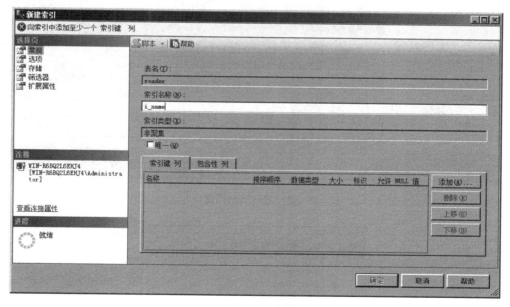

图 9-1　"新建索引"窗口

（3）设置完毕后，单击"添加"按钮，打开选择添加索引的"选择列"窗口，选择需要添加索引的数据表中的列，如图 9-2 所示，单击"确定"按钮。

（4）返回"新建索引"窗口，如图 9-3 所示。

（5）单击"确定"按钮，完成索引的创建，如图 9-4 所示。

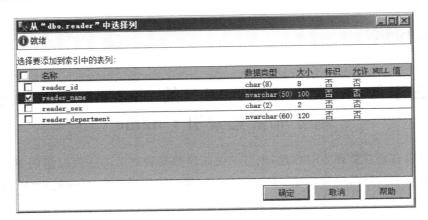

图 9-2   选择索引列

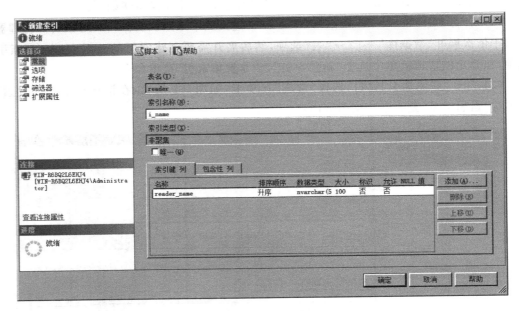

图 9-3   "新建索引"窗口

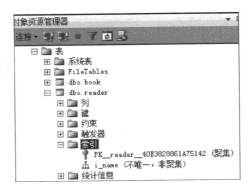

图 9-4   创建非聚集索引

2. 使用 T-SQL 语句创建索引

创建索引的基本语法格式如下：

```
CREATE [ UNIQUE ][ CLUSTERED |NONCLUSTERED ]INDEX index_name
ON { table|view }( column_name [ , … ] )
    [ WITH [ index_property [ , … ] ] ]
```

参数说明如下。

（1）UNIQUE：表示创建唯一索引。

（2）CLUSTERED：表示创建聚集索引。

（3）NONCLUSTERED：表示创建非聚集索引。

（4）index_name：指定索引名称。

（5）ON { table|view }：指定索引所属的数据表或视图。

（6）column_name：指定索引基于的一列或多列的列名。

（7）index_property：索引属性。

例 1　在读者表 reader 的 reader_name 列创建索引 i_name。

（1）启动 SQL Server Management Studio，连接到本地默认实例，在"查询编辑器"窗口输入创建索引的语句如下。

```
USE JY
GO
CREATE NONCLUSTERED INDEX i_name
ON reader(reader_name)
GO
```

（2）单击"执行"命令，即可得到结果，如图 9-5 所示。

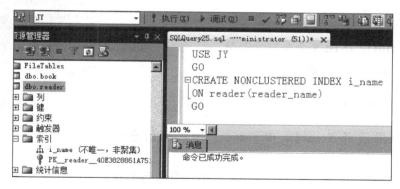

图 9-5　创建索引

3. 创建索引的注意事项

在创建和使用索引时应注意以下事项。

（1）必须是使用 SCHEMABINDING 定义的视图才能在视图上创建索引，而且必须在视图上创建了唯一聚集索引后，才能在视图上创建非聚集索引。

（2）必须是数据表的所有者才能执行 CREATE INDEX 语句创建索引。

创建与管理索引

（3）唯一索引既可以采用聚集索引的结构，也可以采用非聚集索引的结构。如果在定义时不指明 CLUSTERED 选项，SQL Server 将默认为唯一索引采用非聚集索引的结构。

（4）如果表中已存在数据，那么在创建唯一索引时，SQL Server 将自动检验是否存在重复的列值。若存在重复的列值，则创建唯一索引失败。

（5）具有相同组合列但组合顺序不同的复合索引也是不同的。

（6）在创建了唯一索引的表中进行插入、更新数据时，SQL Server 将自动检验更新的数据是否存在重复列值。如果存在，则 SQL Server 在第一个重复列值处取消语句并返回错误信息。

任务 9.2 删除读者表 reader 中 reader_name 列的索引 i_name

索引一经建立，将由数据库管理系统自动使用和维护。建立索引是为了提高查询数据的速度。如果在某一时期数据的插入、删除、更新操作非常频繁，使系统维护索引的代价大大增加，就可以删除某个索引。

1. 使用 SQL Server Management Studio 删除索引

在 SQL Server Management Studio 中删除索引的具体操作步骤如下。

（1）启动 SQL Server Management Studio，连接到本地默认实例，在"对象资源管理器"窗口中依次展开"数据库"→JY→"表"选项，然后展开需要删除索引的数据表，右击需要删除的索引，在弹出的快捷菜单中选择"删除"菜单命令，如图 9-6 所示。

（2）单击"确定"按钮，删除索引。

2. 使用 DROP INDEX 命令删除索引

删除索引的基本语法格式如下：

```
DROP INDEX index_name ON [ table|view ]
```

例 2 删除读者表 reader 中 reader_name 列的索引 i_name。

（1）启动 SQL Server Management Studio，连接到本地默认实例，在"查询编辑器"窗口输入删除索引的语句如下。

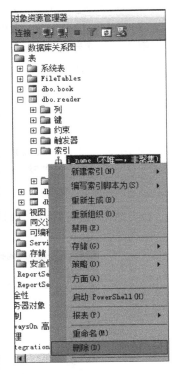

图 9-6 删除索引

```
USE JY
GO
exec sp_helpindex 'reader'
DROP INDEX i_name ON reader
exec sp_helpindex 'reader'
GO
```

（2）单击"执行"命令，即可得到结果，如图 9-7 所示。

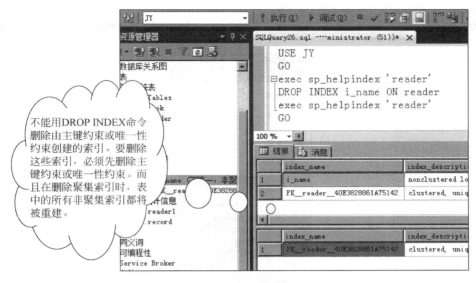

图 9-7　删除索引

任务 9.3　将读者表 reader 中的索引 i_name 重命名为 ix_name

1. 使用 SQL Server Management Studio 重命名索引

启动 SQL Server Management Studio，连接到本地默认实例，在"对象资源管理器"窗口中依次展开"数据库"→JY→"表"选项，然后展开需要重命名索引的数据表，右击需要重命名的索引，在弹出的快捷菜单中选择"重命名"菜单命令，在出现的文本框中输入新的索引名，按回车键确认即可，如图 9-8 所示。

2. 使用系统存储过程重命名索引

系统存储过程 sp_rename 可以重命名索引，基本语法格式为：

```
-- object_type 指定修改的对象类型.对象类型的取值详见表 9-1。
sp_rename 'object_name','new_name','object_type'
```

表 9-1　对象类型的取值

值	说　　明
COLUMN	用户定义列
DATABASE	用户定义数据库
INDEX	用户定义索引
OBJECT	用户定义约束（CHECK、FOREIGN KEY、PRIMARY KEY、UNIQUE KEY）、用户表、规则等
USERDATATYPE	通过执行 CREATE TYPE 或 sp_addtype，添加别名数据类型或 CLR 用户定义类型

```
USE JY
GO
exec sp_rename 'reader.i_name','ix_name','index'      -- 将 reader 表中的索引 i_name 更改为 ix_name
```

图 9-8　重命名索引

任务 9.4　维护读者表 reader 中的索引 i_name

在建立索引后,应该根据应用系统的需要对查询进行分析,以判断其是否能提高数据查询速度。SQL Server 提供多种分析和查询性能的方法分析索引。

1. 显示查询计划

创建索引后,查询时,SQL Server 会自动选择与查询相匹配的索引。显示查询计划就是使用 SQL Server 显示执行查询时显示选择了哪个索引,从而帮助用户分析哪些索引被系统采用。

设置查询计划的命令格式:

```
SET SHOWPLAN_ALL ON|OFF
```

例如,在读者表 reader 中查询"蔡"姓读者,并分析哪些索引被系统采用。执行结果如图 9-9 所示,从显示结果中可以看到,该查询使用了 i_name 索引。

2. 维护索引

创建索引时,SQL Server 会自动存储有关索引的统计信息。索引统计信息是查询优化器分析和评估查询,制定最优查询方式的基础数据。随着数据的不断变化,索引和列的统计信息可能已经过时。这样,就会导致查询优化器选择的查询处理方法并非最佳,因此,有必要对数据库中的这些统计信息进行更新。

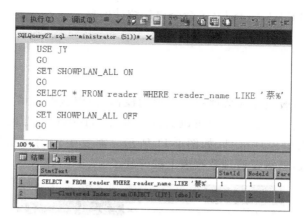

图 9-9　显示查询计划并分析索引

1）使用 SQL Server Management Studio 更新统计信息

在 SQL Server Management Studio 中更新统计信息的具体步骤如下。

（1）启动 SQL Server Management Studio，连接到本地默认实例，在"对象资源管理器"窗口中依次展开"数据库"→JY 选项，右击 JY 选项，在弹出的快捷菜单中选择"属性"菜单命令，打开"数据库属性-JY"窗口。

（2）在"数据库属性-JY"窗口中，选择"选项"选项卡，查看"自动创建统计信息"行和"自动更新统计信息"行的默认值是否为 True(意味着自动更新)，如图 9-10 所示。单击"确定"按钮，完成设置。

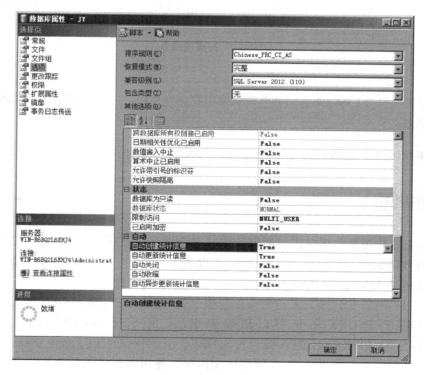

图 9-10　"选项"选项卡

创建与管理索引

2）使用 UPDATE STATISTICS 命令更新统计信息

```
UPDATE STATISTICS reader i_name
```

3）扫描表

随着用户插入、修改或删除数据等一系列的操作，会使数据变得破碎，导致额外的页读取，造成数据查询性能的降低。用户可以通过 DBCC SHOWCONTIG 语句扫描表，并通过返回值确定该表的索引碎片信息，如图 9-11 所示。需要关注的是扫描密度，其理想数是 100%，如果百分比低，就需要清理数据表上的碎片了。

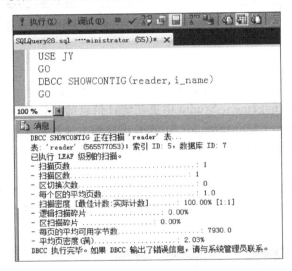

图 9-11   扫描表结果

4）碎片整理

当数据表或视图上的聚集索引和非聚集索引存在碎片时，可以通过 DBCC INDEXDEFRAG 进行碎片整理。

```
DBCC INDEXDEFRAG (JY,reader,i_name)
```

项目小结

（1）索引的作用是将数据表中的记录按照某个顺序进行排序，以便可以用最快的速度找到需要查找的记录。索引分为聚集索引、非聚集索引、唯一索引等。在创建数据表时，只要设置了主键或 UNIQUE 约束，SQL Server 就会自动创建索引。

（2）使用 CREATE INDEX 语句可以创建索引，使用 ALTER INDEX 语句可以修改索引，使用 DROP INDEX 语句可以删除索引，使用 SET SHOWPLAN _ ALL、SET STATISTICS IO、UPDATE STATISTICS、DBCC SHOWCONTIG 命令分析和维护索引。

（3）普通视图加上索引后，将会使视图实体化。使用索引视图的效率比使用普通视图的效率要高。

在学生选课系统 xk 的实训中,完成:

(1)按照学生姓名查询信息时,希望提高查询速度。要求使用 T-SQL 语句实现。

(2)按照课程名称查询信息时,希望提高查询速度。要求用使用 SQL Server Management Studio 实现。

(3)显示查询计划,分析哪些索引被系统采用。

(4)设置 xk 数据库的属性,实现自动更新统计信息。

思考练习

(1)简述在什么情况下使用索引。

(2)索引的类型有哪些?

(3)索引是不是越多越好?索引的缺点是什么?

(4)什么情况下需要对索引进行维护?

项目 **10**　　　**创建与管理存储过程**

 **项目目标**

（1）理解存储过程的作用及运行机制。

（2）在实际应用开发时能够根据需要创建、修改存储过程。

（3）能根据实际需要在存储过程中定义并使用输入参数、输出参数。

 **项目陈述**

在高级程序设计语言中，我们接触了子程序、过程和函数的概念，了解了模块化设计的思想。T-SQL 作为面向数据库的高级语言，也有自己的"子程序"，也即在本项目中要学习的存储过程。

任务 10.1　创建和执行不带参数的存储过程

任务 10.2　创建带输入参数的存储过程

任务 10.3　创建带输出参数的存储过程

任务 10.4　管理存储过程

 **项目准备**

10.1　存储过程概述

在数据库应用系统的开发过程中经常将需要多次调用的 T-SQL 语句编写成程序段，存储在数据库服务器上，应用程序通过子程序调用的方式执行该程序段，从而提高系统的运行效率和数据的完整性，这种方式就是存储过程。

存储过程是 SQL 语句和流程控制语句的预编译集合，它将多条 Transact-SQL 语句封装在一起作为一个单元处理，只需编译一次，并能以后多次执行。

存储过程由参数、编程语句和返回值组成。通过输入参数向存储过程传递参数；通过输出参数向存储过程的调用者传递参数。存储过程只能有一个返回值，通常用于表示调用存储过程的结果是否成功。

存储过程的优点如下。

（1）提高系统运行速度。存储过程只在创建时编译，以后的每次执行不必重新编译。

（2）提高系统的开发速度。存储过程通过封装复杂的数据库操作以简化开发过程。

（3）增强系统的可维护性。存储过程可以实现模块化的程序设计，提供统一的数据库访问接口，改进应用程序的可维护性。

（4）提高系统的安全性。用户不能直接操作存储过程中引用的对象，SQL Server 可以通过设定用户对指定存储过程的执行权限来增强程序代码的安全性。

（5）降低网络流量。存储过程直接存储于数据库中，在客户端与服务器的通信过程中，不会产生大量的 T-SQL 代码流量。

但存储过程依赖于数据库管理系统，不方便移植。

在 SQL Server 2012 中，创建存储过程有两种方式：使用 CREATE PROCEURE 语句创建存储过程或使用 SQL Server Management Studio 创建存储过程。大多数情况下，都是采用 CREATE PROCEURE 语句创建存储过程。

在 SQL Server 2012 中，执行存储过程也有两种方式：使用 EXECUTE 语句执行存储过程或使用 SQL Server Management Studio 执行存储过程。

10.2　存储过程的分类

在 SQL Server 2012 中，根据实现存储过程的方式和内容的不同，将存储过程分为用户自定义存储过程、扩展存储过程和系统存储过程三类。

1. 系统存储过程

由 SQL Server 2012 自身提供，可以作为命令执行各种操作，主要用来从系统中获取信息，为系统管理员提供帮助，为用户查看数据库对象提供。系统存储过程位于数据库服务器中，以前缀"sp_"来标识，在调用时不必在存储过程前加数据库限定名。例如，sp_rename 系统存储过程可以更改当前数据库中用户创建对象的名称；sp_helptext 系统存储过程可以显示规则、默认值或视图的文本信息。

2. 用户自定义存储过程

用户为实现某一特定业务需求而创建的存储过程。在存储过程名称前面加上"＃＃"表示创建一个全局临时存储过程；在存储过程名称前面加上"＃"表示创建一个局部临时存储过程。用户自定义存储过程存储在 tempdb 数据库中。

3. 扩展存储过程

以前缀"xp_"标识，提供了从 SQL Server 到外部程序的接口，以便进行各种维护活动。例如，执行 EXEC xp_logininfo，将返回账户、账户类型、账户的特权级别、账户的映射登录名、账户访问 SQL Server 的权限路径，如图 10-1 所示。执行 EXEC xp_loginconfig，将返回 SQL Server 在 Windows 上运行时的登录安全配置，如图 10-2 所示。

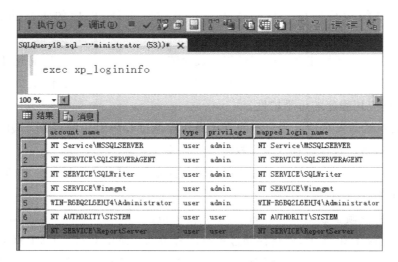

图 10-1　执行扩展存储过程 xp_logininfo 的返回结果

图 10-2　执行扩展存储过程 xp_loginconfig 的返回结果

 课前小测

1. 下列关于存储过程的叙述中不正确的是(　　　)。

A. 存储过程的名称只能由系统指定

B. 存储过程可以接收输入参数并以输出参数的形式将多个值返回至调用过程或批处理

C. 存储过程是第一次执行时进行编译并被保存到内存以备调用的,所以执行速度快

D. 存储过程是由一组预编译的 SQL 语句组成的存储在服务器上的一种数据库对象

2. 在 SQL Server 2012 中,用来显示数据库信息的系统存储过程是( )。

    A. sp_dbhelp   B. sp_db

    C. sp_help   D. sp_helpdb

3. ( )是已经存储在 SQL Server 服务器中的一组预编译过的 T-SQL 语句。

    A. 视图   B. 存储过程

    C. 事务   D. 索引

 项目实施

任务 10.1　创建和执行不带参数的存储过程

(1) 使用 CREATE PROCEURE 语句创建存储过程的基本语法格式:

```
CREATE PROCEDURE procedure_name
[WITH ENCRYPTION]                -- 表示对存储过程进行加密
[WITH RECOMPILE]                 -- 表示对存储过程重新编译
AS
    sql_statement
```

创建存储过程时不能使用的语句如下。

CREATE AGGREGATE	CREATE DEFAULT
CREATE FUNCTION	ALTER FUNCTION
CREATE PROCEDURE	ALTER PROCEDURE
CREATE RULE	CREATE SCHEMA
CREATE TRIGGER	ALTER TRIGGER
CREATE VIEW	ALTER VIEW
SET SHOWPLA_TEXT	SET SHOWPLAN_XML
SET PARSEONLY	SET SHOWPLAN_ALL
USE DATABASE_NAME	

(2) 执行存储过程的 EXECUTE 语句的基本语法格式:

```
EXEC | EXECUTE procedure_name
```

存储过程创建成功后,可以通过执行存储过程来检查存储过程的返回结果。

例 1　创建和执行不带参数的存储过程 p_book,返回图书表 book 中清华大学出版的图书信息。

① 启动 SQL Server Management Studio,连接到本地默认实例,在"查询编辑器"窗口输入创建存储过程的语句如下。

```
USE JY
GO
CREATE PROCEDURE p_book
AS
    SELECT * FROM book WHERE book_publisher = '清华大学出版社'
GO
EXEC p_book                          -- 执行存储过程,检查存储过程的返回结果
GO
```

② 单击"执行"命令,即可得到结果,如图 10-3 所示。

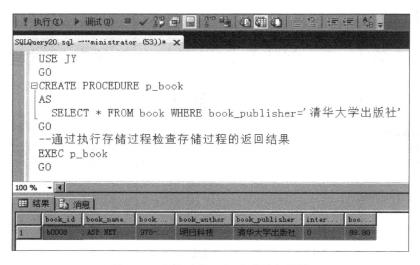

图 10-3　存储过程 p_book 的执行结果

现在对比一下视图的使用。创建查询清华大学出版的图书信息的视图如图 10-4 所示。

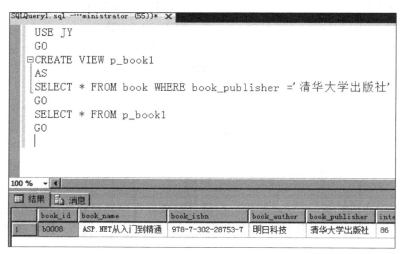

图 10-4　查询清华大学出版的图书信息视图

下面给出存储过程和视图的比较。

① 存储过程可以包括几乎所有的 T-SQL 语句,如数据存取语句、流程控制语句、错误处理语句等。而视图中只能包含 SELECT 语句。

② 存储过程可以接收输入参数并以输出参数的形式向调用它的过程返回多个值,也可以向调用它的过程返回状态值,返回单个或多个结果集以及返回值。而视图不能接收参数,只能返回结果集。

一般地,我们将经常用到的多个表的连接查询定义为视图,存储过程用于完成复杂的一系列处理。在存储过程中会经常用到视图。

（3）使用 SQL Server Management Studio 创建和执行存储过程。

在 SQL Server 2012 中不存在可视化创建存储过程的方法,系统只是提供了创建存储过程的模板,以简化创建存储过程的途径。

① 创建存储过程。

启动 SQL Server Management Studio,连接到本地默认实例,在"对象资源管理器"窗口中依次展开"数据库"→JY→"可编程性"→"存储过程"选项,右击"存储过程"选项,在弹出的快捷菜单中选择"新建存储过程"菜单命令,打开创建存储过程的代码模板,用户根据实际情况修改要创建的存储过程的名称,然后在 BEGIN…END 代码块中添加需要的 SQL 语句,如图 10-5 所示。最后单击工具栏上的"执行"按钮即可创建一个存储过程。

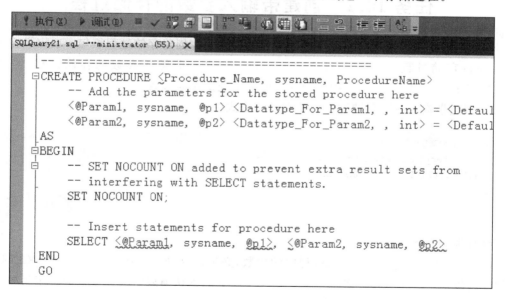

图 10-5　使用模板创建存储过程

② 执行存储过程。

启动 SQL Server Management Studio,连接到本地默认实例,在"对象资源管理器"窗口中依次展开"数据库"→JY→"可编程性"→"存储过程"选项,右击 p_book 选项,在弹出的快捷菜单中选择"执行存储过程"菜单命令,打开"执行过程"窗口,由于该存储过程不带参数,直接单击"确定"按钮,便可执行该存储过程,如图 10-6 所示。

图 10-6　执行存储过程 p_book

任务 10.2　创建带输入参数的存储过程

输入参数指由调用程序向存储过程传递的参数。在创建存储过程语句中要定义输入参数,在执行存储过程中要给出参数的值。为了定义接收输入参数的存储过程,需要在CREATE PROCEDURE 语句中声明一个或多个变量作为参数。

1. 创建带输入参数存储过程的基本语法格式

```
CREATE PROCEDURE procedure_name
@parameter_name data_type [ = default ]
[ WITH < ENCRYPTION | RECOMPILE >]
AS
sql_statement
```

参数说明如下。

(1) @parameter_name:存储过程中的参数,必须以@开始。在 CREATE PROCEDURE语句中可以声明一个或多个参数。除非定义了参数的默认值或将参数设置为等于另外一个参数,否则用户必须在执行过程中为每个声明的参数提供值。

(2) data_type:指定参数的数据类型。

(3) default:存储过程中参数的默认值。如果定义了 default 值,无须指定此参数的值即可执行存储过程。默认值必须是常量或 NULL。如果存储过程使用带 LIKE 关键字的参数,则可以包含%、_、[ ]、[^]通配符。

2. 执行带输入参数的存储过程

执行带输入参数的存储过程时,SQL Server 2012 提供了如下两种传递参数的方式。

```
EXEC | EXECUTE procedure_name
[ value1 , value2, … ]                     -- 按位置传递参数值,参数传递的顺序就是定义的顺序
或
[ @ parameter_name = value ][ , … ]        -- 使用参数名传递参数值,可以不考虑参数的定义顺序
```

例2 创建带输入参数的存储过程 p_newbook,根据用户输入的出版社返回相应的图书信息。

(1) 启动 SQL Server Management Studio,连接到本地默认实例,在"查询编辑器"窗口输入创建带输入参数的存储过程语句如下。

```
USE JY
GO
CREATE PROCEDURE p_newbook @name nvarchar(60)
AS
    SELECT * FROM book WHERE book_publisher = @name
GO
EXEC p_newbook '清华大学出版社'
GO
EXEC p_newbook @name = '中央广播电视大学出版社'
GO
```

(2) 单击"执行"命令,即可得到结果,如图 10-7 所示。

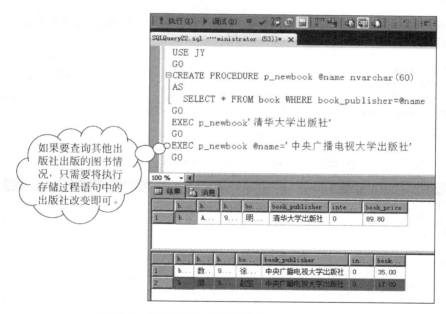

图 10-7 执行带输入参数的存储过程的返回结果

任务 10.3 创建带输出参数的存储过程

当需要从存储过程中返回一个或多个值时,可以在创建存储过程的语句中定义这些输出参数,此时需要在 CREATE PROCEDURE、EXEC 语句中指定 OUTPUT 关键字说明是

输出参数。如果忽略 OUTPUT 关键字,存储过程虽然能执行,但没有返回值。

1. 创建带输出参数存储过程的基本语法格式

```
CREATE PROCEDURE procedure_name
@parameter_name data_type [ = default ] OUTPUT
[ WITH < ENCRYPTION | RECOMPILE >]
AS
  sql_statement
```

2. 执行带输出参数的存储过程

如果在存储过程中定义了输入参数和输出参数,在执行时需要先定义这两个局部变量,并为输入参数赋值,输出参数则从存储过程中获得返回值。

例 3　创建带输出参数的存储过程 p_book2,用于根据给定的图书名称返回该图书被借阅次数。

(1) 启动 SQL Server Management Studio,连接到本地默认实例,在"查询编辑器"窗口输入创建带输出参数的存储过程语句如下。

```
USE JY
GO
CREATE PROCEDURE p_book2
@name nvarchar(20),@book_times smallint OUTPUT
AS
    SET @book_times = ( SELECT interview_times FROM book WHERE book_name = @name )
    PRINT @book_times
GO
DECLARE @name nvarchar(20),@book_times smallint
SET @name = '数据库基础与应用'
EXEC p_book2 @name, @book_times OUTPUT
SELECT @book_times
GO
```

(2) 单击"执行"命令,即可得到结果,如图 10-8 所示。

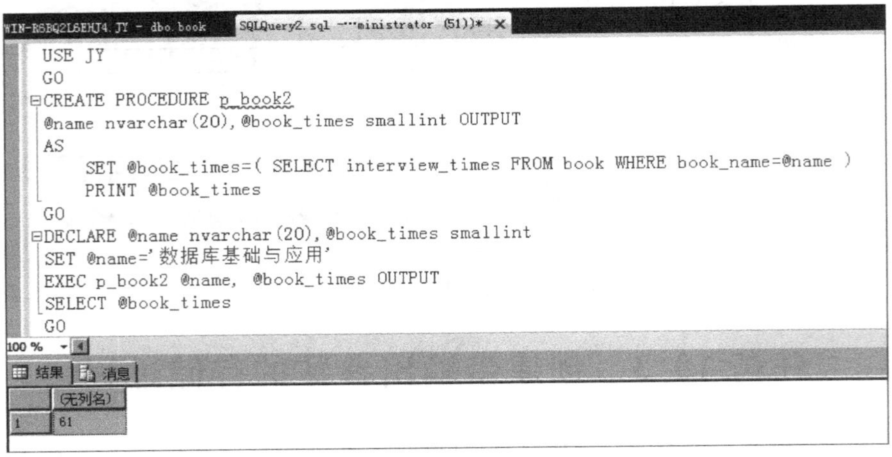

图 10-8　执行带输出参数的存储过程的返回结果

任务 10.4 管理存储过程

1. 查看存储过程信息

创建完存储过程,SQL Server 提供了两种查看存储过程内容的方式:一种是使用 SQL Server Management Studio 查看,一种是使用系统存储过程查看。

1) 使用 SQL Server Management Studio 查看存储过程信息

在 SQL Server Management Studio 中查看存储过程信息的具体步骤如下。

启动 SQL Server Management Studio,连接到本地默认实例,在"对象资源管理器"窗口中依次展开"数据库"→JY→"可编程性"→"存储过程"选项,右击 p_book 选项,在弹出的快捷菜单中选择"属性"菜单命令,弹出"存储过程属性"窗口,可以查看存储过程的相关信息,如图 10-9 所示。

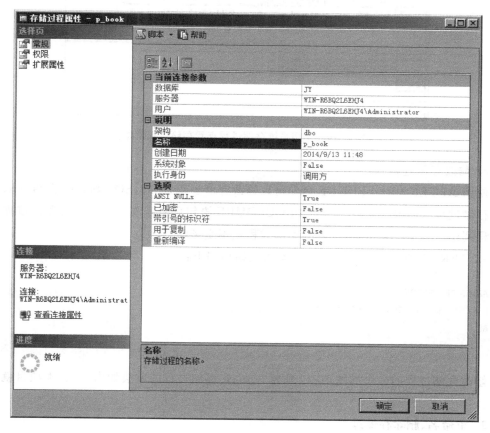

图 10-9 "存储过程属性"窗口

2) 使用系统存储过程查看存储过程信息

可以使用系统存储过程 OBJECT_DEFINITION、sp_help 或 sp_helptext 查看存储过程的信息,如图 10-10 所示。

创建与管理存储过程

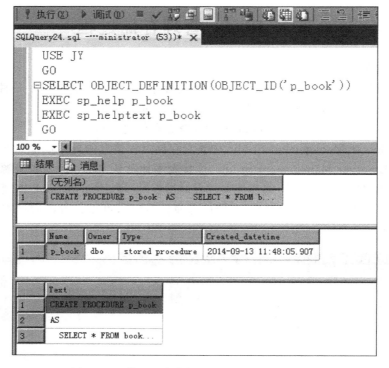

图 10-10   使用系统存储过程查看存储过程信息

2. 修改存储过程

使用 ALTER PROCEDURE 语句可以修改存储过程,此时,SQL Server 会覆盖以前定义的存储过程。但要注意,ALTER PROCEDURE 语句只能修改一个单一的存储过程。如果过程调用了其他存储过程,嵌套的存储过程也不受影响。

ALTER PROCEDURE 语句的基本语法结构如下:

```
ALTER PROCEDURE procedure_name
[ WITH < ENCRYPTION | RECOMPILE >]
AS
  sql_statement
```

修改存储过程的命令如图 10-11 所示,与创建存储过程的方法如出一辙,本项目就不再赘述。

3. 重命名、删除存储过程

重命名、删除存储过程可以在对象资源管理器中轻松完成,如图 10-12 所示。也可以使用系统存储过程 sp_rename 来重命名存储过程、使用 DROP PROCEDURE 语句删除存储过程,具体用法与其他数据库对象的操作方法一样,前面项目中已详细介绍,本项目就不再赘述。

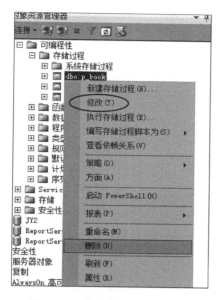
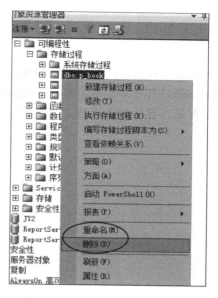

图 10-11 修改存储过程的命令　　　　图 10-12 重命名、删除存储过程

项目小结

（1）存储过程是一组预先写好的能实现某种功能的 Transact-SQL 程序，由 SQL Server 编译后将其保存。使用存储过程可以提高执行效率、方便修改和增强安全性。

（2）在 SQL Server 2012 中，存储过程分为系统存储过程、用户自定义存储过程和扩展存储过程。

（3）在 Transact-SQL 中使用 CREATE PROCEURE 语句创建存储过程、使用 EXECUTE 语句执行存储过程、使用 ALTER PROCEDURE 语句可以修改存储过程、使用系统存储过程 sp_rename 来重命名存储过程、使用 DROP PROCEDURE 语句删除存储过程。

（4）在 SQL Server 2012 中不存在可视化创建存储过程的方法，系统只是提供了创建存储过程的模板，以简化创建存储过程的途径。

（5）存储过程的参数传递方式有两种：直接给出参数值和使用"参数名＝参数值"。

课程实训

在学生选课系统 xk 的实训中，完成：

（1）创建一个存储过程，用于实现"根据用户输入的班级编号查询该班的学生信息，然后将查询结果反馈给用户"的功能。

（2）创建一个存储过程，用于实现"根据用户给定的班级编号统计该班的学生人数，然后将查询结果反馈给用户"的功能。同时对该存储过程加密，并查看该存储过程的信息。

（3）创建一个输出"Hello SQL Server 2008"字符串的存储过程。

创建与管理存储过程

思考练习

(1) 存储过程的作用是什么？和视图相比,有何优势？

(2) 存储过程如果有多个参数,如何调用？

(3) 存储过程的多个参数之间有顺序关系吗？

项目 11 创建与管理触发器

（1）理解 SQL Server 中触发器的概念及运行机制。
（2）会根据实际需要创建、修改和删除触发器。
（3）会禁用和启用触发器。
（4）了解查看触发器的方法。

项目陈述

图书管理员或读者经常对数据表进行修改、插入或删除等操作，如何确保数据的完整性？因此，需要编写程序，来实现主键和外键所不能保证的复杂参照完整性和数据一致性。

任务 11.1　创建 AFTER 触发器
任务 11.2　创建 INSTEAD OF 触发器
任务 11.3　管理触发器

项目准备

11.1　触发器概述

SQL Server 主要提供约束和触发器两种机制来强制业务规则和数据完整性。触发器是一个在修改指定数据表的数据时执行的存储过程，当向某一个数据表插入、删除或修改记录时，SQL Server 就会自动执行触发器所定义的 SQL 语句，从而保证对数据的处理符合由这些语句所定义的规则。触发器和引起触发器执行的 SQL 语句被当作一次事务处理，如果该次事务没有成功，SQL Server 会自动回滚至该次事务执行前的状态。触发器与存储过程不同，存储过程是通过存储过程名称被调用和执行的，而触发器是通过事件触发而执行的。

触发器的主要功能如下。

（1）强化约束：触发器能够实现比 CHECK 语句更为复杂的约束，强制执行数据库中相关表的引用完整性。

（2）跟踪数据的变化：撤销或回滚违反了引用完整性的操作，防止非法修改数据。

（3）级联运行：级联修改数据库中所有相关的表，自动触发其他与之相关的操作。

（4）返回自定义的错误信息：触发器可以返回信息，而约束只能通过标准的系统错误信息显示错误信息。

使用触发器应该注意以下问题。

（1）CREATE TRIGGER 必须是批处理中的第一条语句，并且只能应用到一个表中。

（2）与存储过程一样，当触发器触发时，将向调用应用程序返回结果。若不需要返回结果，则不应包含返回结果的 SELECT 语句，也不应在触发器中包含对变量赋值的语句。

（3）触发器只能在当前数据库中创建，但可以引用当前数据库的外部对象，如其他表。

（4）在同一条 CREATE TRIGGER 语句中，可以为多个事件（INSERT、UPDATE、DELETE）定义相同的触发器操作。

（5）如果一个表的外键在 DELETE/UPDATE 操作上定义了级联，则不能在该表上定义 INSTEAD OF DELETE/UPDATE 触发器。

（6）在执行修改语句的过程中，触发器的执行只是修改语句事务的一部分。如果触发器执行不成功，则整个修改事务将会回滚。

（7）当约束可以实现预定的数据完整性时，则优先考虑使用约束。

（8）TRUNCATE TABLE 语句在功能上与 DELETE 语句相似，但是 TRUNCATE TABLE 语句不会触发 DELETE 触发器运行。

（9）触发器不允许使用 ALTER DATABASE、CREATE DATABASE 和 DROP DATABASE 等 T-SQL 语句。

11.2　触发器分类

触发器分为数据操作语言触发器和数据定义语言触发器两种类型。

11.2.1　数据操作语言 DML 触发器

DML 触发器是附加在特定表或视图上的操作代码，当发生操作语言事件时执行这些操作。DML 触发器包括 INSERT 触发器、UPDATE 触发器和 DELETE 触发器三种。当出现下列情况时，应当考虑使用触发器。

（1）通过相关表实现级联更改。

（2）防止恶意地或错误地进行 INSERT、UPDATE 和 DELETE 操作，并强制执行比 CHECK 约束定义的限制更为复杂的其他限制。

（3）评估数据修改前后的状态，并根据该差异采取措施。

SQL Server 为每个 DML 触发器创建了两个专用表：INSERTED 表和 DELETED 表。这两个表的结构与被触发器作用的数据表的结构相同。可以使用这两张表来检测某些修改操作所产生的效果，例如，可以使用 SELECT 语句来检查 INSERT 语句和 UPDATE 语句执行操作是否成功、触发器是否被这些语句触发等，但是不允许对这两个表进行修改。触发器执行完毕后，与该触发器相关的这两个表也会被自动删除。

（1）执行 INSERT 语句时，INSERTED 表中保存要向表中插入的所有行。

（2）执行 DELETE 语句时，INSERTED 表中保存要从表中删除的所有行。

（3）执行 UPDATE 语句时，相当于先执行 DELETE 操作，再执行 INSERT 操作。修改前的数据行首先被移到 DELETE 表中，然后将修改后的数据行插入触发触发器的表和

INSERTED 表中。

11.2.2 数据定义语言 DDL 触发器

DDL 触发器当发生数据定义语言事件时则被激活调用。使用 DDL 触发器可以防止对数据库架构进行的某些更改或记录数据库架构中的更改事件。

 课前小测

1. 下列关于触发器的叙述中不正确的是(   )。

   A. 触发器可以由用户通过名称直接调用

   B. 触发器是在用户对数据库进行操作和管理时自动激发执行的

   C. 触发器可以用于约束、默认值和规则的完整性检查,实施更为复杂的数据完整性约束

   D. 触发器是一种特殊类型的存储过程

2. 下面命令中无法启动触发器执行的是(   )。

   A. INSERT   B. UPDATE   C. DELETE   D. SELECT

3. 触发器可以创建在(   )中。

   A. 表   B. 过程   C. 数据库   D. 函数

4. 以下触发器是当对"学生表"进行(   )操作时触发。

   `CREATE TRIGGER abc ON 学生表 FOR INSERT ,UPDATE ,DELETE AS……`

   A. 只是修改   B. 只是插入

   C. 只是删除   D. 修改、插入、删除

5. 触发器可引用视图或临时表,并产生两个特殊的表是(   )。

   A. DELETED、INSERTED   B. DELETE、INSERT

   C. VIEW、TABLE   D. VIEW1、TABLE1

 项目实施

任务 11.1 创建 AFTER 触发器

1. 创建触发器需注意的问题

要创建触发器,必须了解事务的执行流程,否则约束和触发器之间的冲突会给系统设计开发带来困难。SQL Server 事务的执行流程如下。

(1) 执行 IDENTITY INSERT 检查。

(2) 检查是否为空约束。

(3) 检查数据类型。

(4) 执行 INSTEAD OF 触发器。如果存在 INSTEAD OF 触发器,将停止执行触发它的 DML 语句。

创建与管理触发器

（5）检查主键约束。

（6）检查 CHECK 约束。

（7）检查外键约束。

（8）执行 DML 语句,并更新事务日志文件。

（9）执行 AFTER 触发器。

（10）提交事务。

（11）写入数据库文件。

基于 SQL Server 的事务执行流程,创建触发器时需要注意以下几点。

（1）AFTER 触发器是在完成所有的约束检查之后执行的。

（2）INSTEAD OF 触发器可以解决外键约束问题,但不能解决是否为空、数据类型或标识列的问题。

（3）创建 AFTER 触发器时,可以假定数据已经通过了所有其他的数据完整性检查。

（4）AFTER 触发器是在 DML 事务提交之前执行的,可以用它来回滚该事务。

2. 创建触发器的 T-SQL 语句

大多数情况下,都是采用 CREATE TRIGGER 语句来创建触发器。

创建触发器的 T-SQL 语句的基本语法格式如下。

```
CREATE TRIGGER trigger_name          -- 指定触发器的名称
ON { table | view }                  -- 指定触发触发器的表或视图
[ WITH <ENCRYPTION>]
{
{ FOR | AFTER | INSTEAD OF } { [ DELETE ] [ , ] [ INSERT ] [ ,] [ UPDATE ] }
AS
    sql_statement [ , .. ]           -- 触发器的条件和操作
}
```

参数说明如下。

（1）WITH <ENCRYPTION>：用于加密触发器的 CREATE TRIGGER 语句文本。

（2）FOR | AFTER：FOR 与 AFTER 同义,后触发器。触发器只有在 SQL 语句中指定的所有操作都已成功执行后才被激发。所有的引用级联操作和约束检查也必须成功完成后,才能执行该触发器。该类型触发器只能在数据表上创建,而不能在视图上定义。

（3）INSTEAD OF：替代触发器。用于规定执行触发器而不是执行触发的 SQL 语句,从而用触发器替代触发语句的操作。在数据表或视图上,每个 INSERT、UPDATE 或 DELETE 最多可以定义一个 INSTEAD OF 触发器。

（4）[DELETE] [,] [INSERT] [,] [UPDATE]：指定在数据表或视图上执行哪种数据修改语句时将激活触发器的关键字,必须至少指定一个选项。在触发器定义中允许以任何顺序组合这些关键字。

3. 创建 AFTER UPDATE 触发器,实现当修改读者表 reader 中的数据时进行提示

UPDATE 触发器是当用户在指定数据表上执行 UPDATE 语句时被调用。执行 UPDATE 触发器时,更新前的记录存储到 DELETED 表,更新后的记录存储到 INSERTED 表。其具体操作步骤如下。

（1）启动 SQL Server Management Studio，连接到本地默认实例，在"查询编辑器"窗口输入创建简单触发器的语句如下。

```
USE JY
GO
CREATE TRIGGER tg_updatereader
ON reader
AFTER UPDATE
AS
    BEGIN
        PRINT '已修改读者表 reader 的数据'
        SELECT reader_name AS 更新前读者姓名 FROM DELETED
        SELECT reader_name AS 更新后读者姓名 FROM INSERTED
    END
GO
```

（2）单击"执行"命令，即可成功创建触发器，如图 11-1 所示。

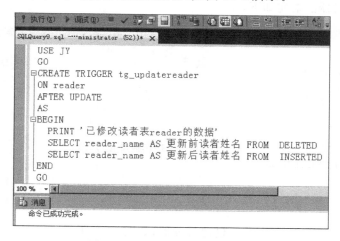

图 11-1　创建 UPDATE 触发器

（3）触发器不能直接执行，只能在指定的操作发生时才能执行。在"查询编辑器"窗口输入执行触发器的语句如下。

```
USE JY
GO
UPDATE reader SET reader_name = '许昌' WHERE reader_id = 'r0004'
GO
```

（4）单击"执行"命令，即可成功执行触发器，结果如图 11-2 所示。

从执行结果可以看到，成功地修改了读者编号为"r0004"的读者的姓名。

4. 创建 AFTER INSERT 触发器，实现禁止向读者表 reader 插入数据的功能

当用户向数据表中插入新的记录时，被标记为 AFTER INSERT 的触发器的代码会被执行。具体操作步骤如下。

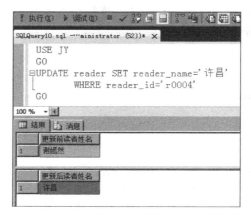

图 11-2　UPDATE 触发器执行结果

（1）启动 SQL Server Management Studio，连接到本地默认实例，在"查询编辑器"窗口输入创建简单触发器的语句如下。

```
USE JY
GO
CREATE TRIGGER tg_insertreader
ON reader
AFTER INSERT
AS
  BEGIN
      RAISERROR('不允许直接向该表插入记录,操作被禁止',1,1)
      ROLLBACK TRANSACTION
  END
GO
```

（2）单击"执行"命令，即可成功创建触发器，如图 11-3 所示。

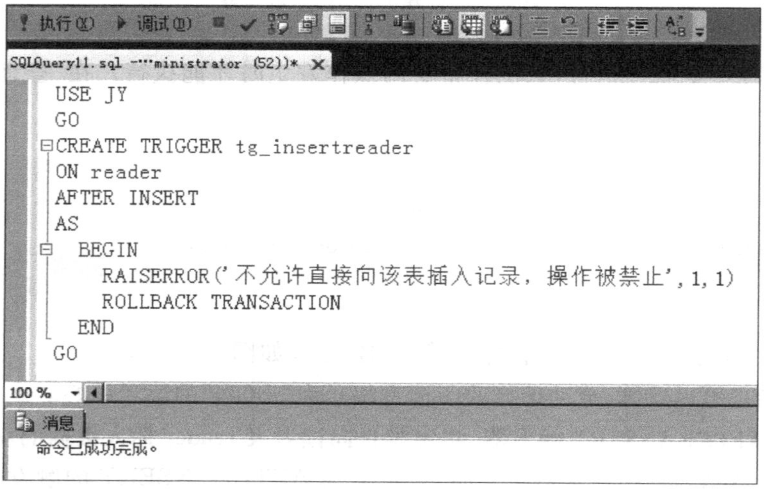

图 11-3　创建 INSERT 触发器

（3）在"查询编辑器"窗口输入执行触发器的语句如下。

```
USE JY
GO
INSERT INTO reader VALUES ('r0010','李佳佳','女','涉外教育系')
GO
```

（4）单击"执行"命令，即可成功执行触发器，结果如图 11-4 所示。

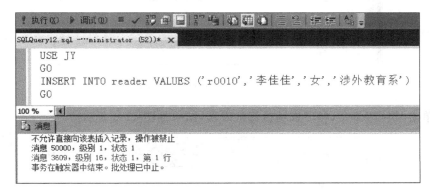

图 11-4　INSERT 触发器执行结果

从执行结果可以看到，插入读者编号为"r0010"的读者信息失败。

5. 创建 AFTER DELETE 触发器，实现向读者表 reader 删除数据时，返回删除的信息

当用户执行 DELETE 操作时，就会激活 DELETE 触发器，从而控制用户从数据表中删除记录。触发 DELETE 触发器后，用户删除的记录会被添加到 DELETED 表中，可以在DELETED 表中查看删除的记录。具体操作步骤如下。

（1）启动 SQL Server Management Studio，连接到本地默认实例，在"查询编辑器"窗口输入创建简单触发器的语句如下。

```
USE JY
GO
CREATE TRIGGER tg_deletereader
ON reader
AFTER DELETE
AS
    SELECT reader_id AS 已删除用户编号 FROM DELETED
GO
```

（2）单击"执行"命令，即可成功创建触发器，如图 11-5 所示。

（3）在"查询编辑器"窗口输入执行触发器的语句如下。

```
USE JY
GO
DELETE FROM reader WHERE reader_id = 'r0009'
GO
```

创建与管理触发器

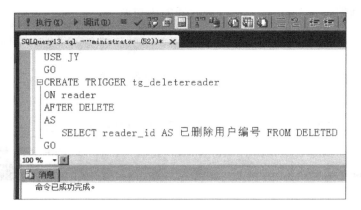

图 11-5 创建 DELETE 触发器

（4）单击"执行"命令，即可成功执行触发器，结果如图 11-6 所示。

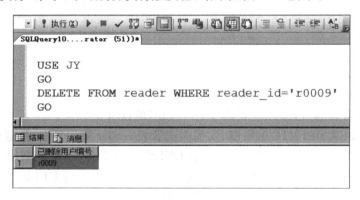

图 11-6 DELETE 触发器执行结果

从执行结果可以看到，成功删除读者编号为"r0009"的读者信息。

6. 创建 AFTER 触发器，实现级联修改

创建一个触发器，当插入、更新或删除借阅记录表 record 的数据行时，能同时更新图书表 book 中借阅次数 interview_times，具体操作步骤如下。

（1）启动 SQL Server Management Studio，连接到本地默认实例，在"查询编辑器"窗口输入创建触发器的语句如下。

```
USE JY
GO
CREATE TRIGGER setview ON record
FOR INSERT, UPDATE, DELETE
AS
    UPDATE book SET interview_times = interview_times + 1
        WHERE book_id = (SELECT book_id FROM INSERTED)
    UPDATE book SET interview_times = interview_times - 1
        WHERE book_id = (SELECT book_id FROM DELETED)
    PRINT '已自动更新 book 表中相应图书的借阅次数'
GO
```

（2）单击"执行"命令，即可成功创建触发器，如图 11-7 所示。

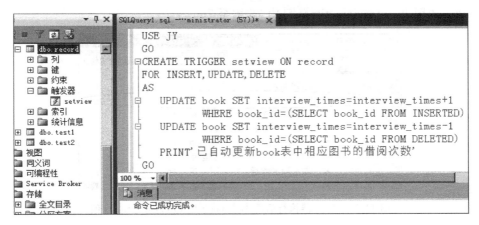

图 11-7　创建触发器

```
CREATE TRIGGER setview1 ON record
FOR INSERT,UPDATE,DELETE
AS
    UPDATE book SET interview_times=○  ○  ○
    (SELECT COUNT(*)FROM record WHERE book_id=book.book_
GO
```

该程序段实现了什么功能呢？请思考

（3）测试触发器。触发器执行前的图书表 book 中 interview_times 值，如图 11-8 所示。

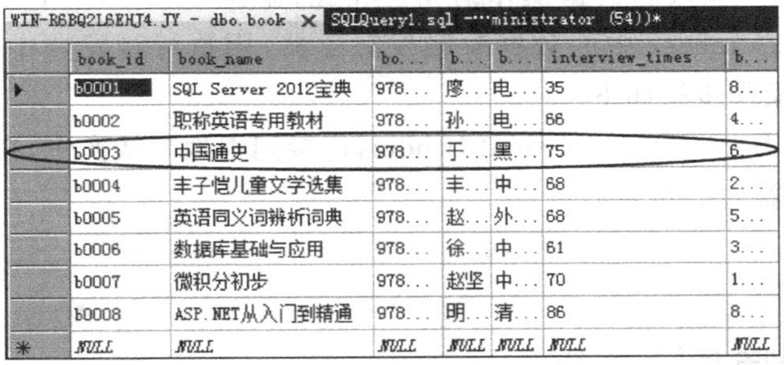

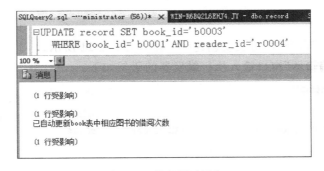

图 11-8　触发器执行前图书表 book 中 interview_times 值

对借阅记录表 record 进行修改操作，如图 11-9 所示。

```
UPDATE record SET book_id='b0003'
    WHERE book_id='b0001' AND reader_id='r0004'
```

（1 行受影响）

（1 行受影响）
已自动更新book表中相应图书的借阅次数

（1 行受影响）

图 11-9　执行测试语句

创建与管理触发器

触发器执行后的图书表 book 中 interview_times 值，如图 11-10 所示，可以看出，book_id 为 b0003 的图书，interview_times 已由 75 增至 76。

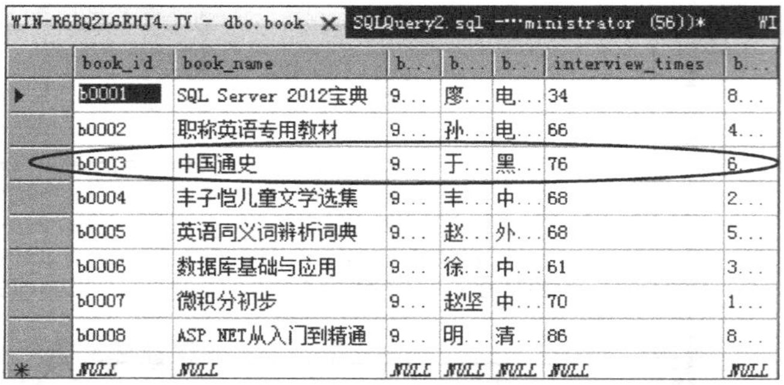
WIN-R6BQ2L6EHJ4.JY - dbo.book × SQLQuery2.sql -…ministrator (56))* WI

	book_id	book_name	b...	b...	b...	interview_times	b...
▶	b0001	SQL Server 2012宝典	9...	廖...	电...	34	8...
	b0002	职称英语专用教材	9...	孙...	电...	66	4...
	b0003	中国通史	9...	于...	黑...	76	6.
	b0004	丰子恺儿童文学选集	9...	丰...	中...	68	2...
	b0005	英语同义词辨析词典	9...	赵...	外...	68	5...
	b0006	数据库基础与应用	9...	徐...	中...	61	3...
	b0007	微积分初步	9...	赵坚	中...	70	1...
	b0008	ASP.NET从入门到精通	9...	明...	清...	86	8...
*	NULL	NULL	NULL	NULL	NULL	NULL	NULL

图 11-10　触发器执行后图书表 book 中 interview_times 值

任务 11.2　创建 INSTEAD OF 触发器

对于 AFTER 触发器，SQL Server 服务器在执行触发后触发器的 SQL 代码后，会先建立临时的 INSERTED 和 DELETED 表，然后执行 SQL 代码中对数据的操作，最后才激活触发器中的代码。对于 INSTEAD OF 触发器，SQL Server 服务器在执行触发替代触发器的代码时，会先建立临时的 INSERTED 和 DELETED 表，然后直接触发 INSTEAD OF 触发器，而拒绝执行用户输入的数据操作语句。在此，创建一个 INSTEAD OF 触发器，用于实现每当修改读者表 reader 中的数据时触发触发器，用执行触发器中的语句替代触发的 SQL 语句，其具体操作步骤如下。

(1) 启动 SQL Server Management Studio，连接到本地默认实例，在“查询编辑器”窗口输入创建简单触发器的语句如下。

```
USE JY
GO
CREATE TRIGGER intg_updatereader
ON reader
INSTEAD OF UPDATE
AS
    PRINT '实际上并没有修改 reader 表中的数据'
GO
```

(2) 单击“执行”命令，即可成功创建触发器，如图 11-11 所示。

(3) 在“查询编辑器”窗口输入执行触发器的语句如下。

```
USE JY
GO
UPDATE reader SET reader_name = '许昌' WHERE reader_id = 'r0004'
GO
```

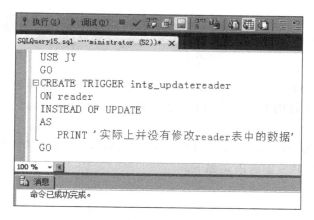

图 11-11　创建 INSTEAD OF 触发器

（4）单击"执行"命令，即可成功执行触发器，结果如图 11-12 所示。

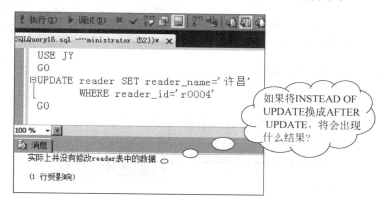

图 11-12　INSTEAD OF 触发器执行结果

从执行结果可以看到，INSTEAD OF 触发器被执行。

任务 11.3　管理触发器

1. 修改触发器

当触发器不满足需求时，可以修改触发器的定义和属性。在 SQL Server 中可以通过两种方式进行修改：先删除原来的触发器，再创建与之同名的触发器；也可以直接修改现有触发器的定义。

修改触发器定义 ALTER TRIGGER 语句的基本语法格式如下。

```
ALTER TRIGGER trigger_name
ON { table | view }
[ WITH < ENCRYPTION >]
{
{ FOR | AFTER | INSTEAD OF } { [ DELETE ] [ , ] [ INSERT ] [ ,] [ UPDATE ] }
```

```
AS
sql_statement [ , .. ]
}
```

现在,修改 tg_updatereader 触发器,用于实现如果修改了读者表 reader 中的数据时,显示"已修改 reader 表的数据"的消息,否则返回"不存在要修改的数据"。具体步骤如下:

(1) 启动 SQL Server Management Studio,连接到本地默认实例,在"查询编辑器"窗口输入创建带逻辑结构触发器的语句如下。

```
USE JY
GO
ALTER TRIGGER tg_updatereader
ON reader
AFTER UPDATE
AS
    IF ((SELECT count( * ) FROM INSERTED)<> 0)
        PRINT '已修改 reader 表的数据'
    ELSE
        PRINT '不存在要修改的数据'
GO
```

(2) 单击"执行"命令,即可成功修改触发器,如图 11-13 所示。

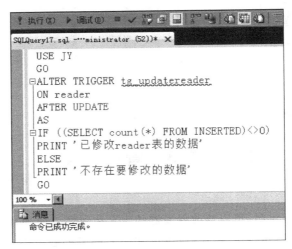

图 11-13　修改触发器

(3) 在"查询编辑器"窗口输入执行触发器的语句如下。

```
USE JY
GO
UPDATE reader SET reader_name = '胡耀华' WHERE reader_id = 'r0012'
GO
```

（4）单击"执行"命令，即可成功执行触发器，结果如图 11-14 所示。

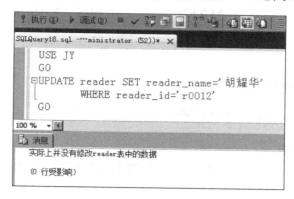

图 11-14　修改触发器执行结果

从执行结果可以看到，由于没有读者编号为"r0012"的读者，所以修改信息失败，系统提示"不存在要修改的数据"。

2. 删除触发器

当触发器不再使用时，可以将其删除，删除触发器不会影响其操作的数据表。当某个表被删除时，该表上的触发器也同时被删除。

删除触发器有两种方式：在对象资源管理器中删除；使用 DROP TRIGGER 语句删除。

1）在对象资源管理器中删除触发器

在对象资源管理器中删除触发器，与删除数据库、数据表和存储过程类似，如图 11-15 所示。

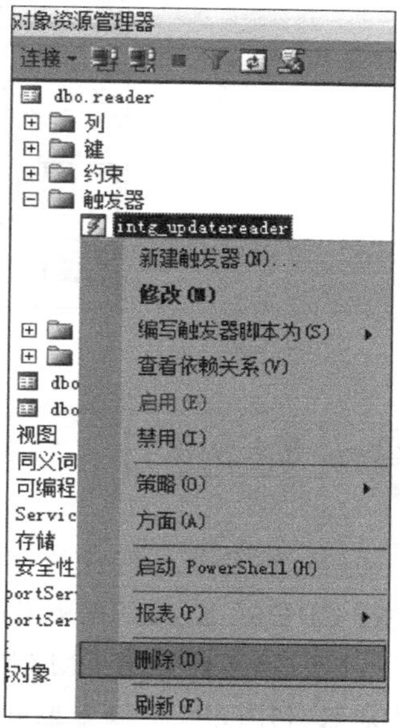

2）使用 DROP TRIGGER 语句删除触发器

DROP TRIGGER 语句可以删除一个或多个触发器。

DROP TRIGGER 语句的基本语法格式如下。

```
DROP TRIGGER trigger_name[ , … ]
```

图 11-15　删除触发器命令

3. 启用和禁用触发器

触发器创建之后即启用了。如果暂时不需要使用某个触发器，可以将其禁用。触发器被禁用后并没有删除，仍然作为对象存储在当前数据库中，只是用户执行触发操作时，触发器不会被调用。

1）禁用触发器

触发器可以通过 ALTER TABLE 语句或 DISABLE TRIGGER 语句禁用。

```
ALTER TABLE reader
DISABLE TRIGGER tg_updatereader
或
DISABLE TRIGGER tg_updatereader ON reader
```

创建与管理触发器

2）启用触发器

被禁用的触发器可以通过 ALTER TABLE 语句或 ENABLE TRIGGER 语句重新启用。

```
ALTER TABLE reader
ENABLE TRIGGER tg_updatereader
或
ENABLE TRIGGER tg_updatereader ON reader
```

4. 查看触发器信息

在"查询编辑器"窗口执行 T-SQL 语句，如图 11-16 所示，返回当前数据库 JY 中的触发器信息。

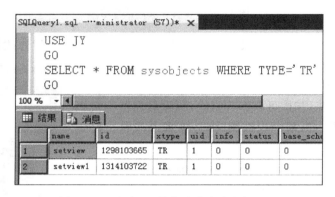

图 11-16　查询 JY 数据库中存在的触发器

项目小结

（1）触发器是特殊的存储过程。当数据表进行 INSERT、UPDATE、DELETE 操作，或进行 CREATE、ALTER、DROP 操作时，可以激活触发器，并运行其中的 T-SQL 语句。

（2）触发器分为 DM 触发器和 DDL 触发器两种类型。其中，DML 触发器包括 INSERT 触发器、UPDATE 触发器和 DELETE 触发器三种。

（3）在 T-SQL 中使用 CREATE TRIGGER 语句创建触发器、使用 ALTER TRIGGER 语句可以修改触发器、使用 DROP TRIGGER 语句删除触发器。

（4）触发器允许嵌套和递归。

课程实训

在学生选课系统 xk 的实训中，完成：

（1）创建触发器，当修改选修表中的数据时，能即时更新课程表中的报名人数。

（2）创建学分验证触发器，对不符合编码规则的学分给予提示。要求：学分列值只能为 1、2、3。

（1）触发器的执行过程是怎样的？

（2）INSERTED 表和 DELETED 表的作用是什么？

（3）可以对一个表创建多个 DELETE 触发器吗？如果可以，触发器执行的顺序是怎样的？

项目 12 | 创建与使用游标

 **项目目标**

（1）理解 SQL Server 中游标的概念及运行机制。

（2）会根据需要创建和使用游标。

（3）会在存储过程中使用游标。

 **项目陈述**

在查询"图书借阅数据库系统"时，有时希望能逐行显示查询结果，并且能将查询结果保存在变量中，以便使用程序进行后续处理。

任务 12.1　创建基本游标，学习从声明游标到最后释放游标的基本过程

任务 12.2　游标的综合应用，在存储过程中使用游标

 **项目准备**

12.1　认识游标

在通常情况下，由 SELECT 语句返回的结果包括所有满足该语句 WHERE 子句中条件的行。由 SELECT 语句所返回的这一完整的数据行集合被称为结果集。SQL Server 中的数据操作结果都是面向集合的，并没有一种描述数据表中单一记录的表达形式。要处理结果集中的某些行的数据，只有将所有的结果全部传递到应用的前台让高级语言进行处理后再传回数据库服务器。游标作为 SQL Server 的一种数据访问机制，允许用户访问单独的数据行，对每一行数据进行处理，降低了系统开销和潜在的网络堵塞。游标主要用于存储过程、触发器和 T-SQL 脚本中，使结果集的内容可用于其他 T-SQL 语句。

SQL Server 2012 支持 T-SQL 服务器游标、应用程序编程接口（API）服务器游标、客户端游标三种类型的游标。T-SQL 服务器游标在服务器上实现，主要用于 T-SQL 脚本、存储过程和触发器，并由客户端发送到服务器的 T-SQL 语句管理。

12.2　游标的生命周期

游标首先根据 SELECT 语句创建结果集，然后一次从中获取一行数据进行操作。游标的生命周期包含以下 5 个阶段。

（1）声明游标：为游标指定获取数据时所使用的 SELECT 语句。

（2）打开游标：在使用游标前，必须打开游标，才能检索数据并填充游标。

（3）读取游标中的数据：FETCH 命令使游标移动到下一条记录，并将游标返回的数据分别赋值给本地变量。

（4）关闭游标：释放数据，保留 SELECT 语句。游标关闭后，可以使用 OPEN 命令再次打开。

（5）释放游标：释放相关的内存，并删除游标的定义。

12.3　创 建 游 标

基于游标的生命周期，创建游标主要包括声明游标、打开游标、读取游标中的数据、关闭游标和释放游标。

1. 声明游标

游标主要包括游标结果集和游标位置两部分。游标结果集是由定义游标的 SELECT 语句返回的行集合（即多个记录组成的临时表）；游标位置是指向这个结果集中的某一行的指针。使用游标之前，要声明游标。

DECLARE CURSOR 语句声明游标的基本语法格式如下。

```
DECLARE cursor_name CURSOR          -- cursor_name 定义 T-SQL 服务器游标名称
[ LOCAL | GLOBAL ]
[ INSENSITIVE ][ SCROLL ]
[ READ_ONLY]
FOR select_statement
[ FOR UPDATE [ OF column_name [ , … ] ] ]
```

参数说明如下。

（1）LOCAL | GLOBAL：指定游标的作用域。LOCAL 是局部游标，此时游标只能在创建它的批处理中使用；GLOBAL 是全局游标，可以在同一个连接所调用的所有过程中使用。

（2）INSENSITIVE：使用该关键字之后，将所有的结果集临时放在 tempdb 数据库中创建的临时表里。所有对基本表的改动都不会在游标进行的操作中体现。若不用 INSENSITIVE 关键字，则用户对基本表所进行的任何操作都将在游标中得到体现。

（3）SCROLL：指定所有的提取选项（FIRST、LAST、PRIOR、NEXT、RELATIVE、ABSOLUTE）均可用，允许删除和更新（没有指定 INSENSITIVE 关键字）。

（4）READ_ONLY：定义游标为只读，UPDATE 或 DELETE 语句的 WHERE CURRENTOF 子句不能引用只读游标。

（5）select_statement：定义产生游标结果集的 SELECT 语句。在 select_statement 中不允许使用关键字 COMPUTE、COMPUTE BY、FOR BROWSE 和 INTO。

（6）UPDATE [OF column_name [, …]]：定义游标可修改。如果给出 OF column_name [, …]参数，只允许修改所给出的列。如果在 UPDATE 关键字后未给出参数，则可以修改所有的列。

2. 打开游标

在使用游标前，必须打开游标，即执行在 DECLARE CURSOR 语句中定义的 SELECT 查询语句，并使游标指针指向查询结果的第一条记录。

打开游标的基本语法格式为：

```
OPEN [ GLOBAL ] cursor_name | cursor_variable_name
```

参数说明如下。

（1）GLOBAL：指定 cursor_name 是全局游标。

（2）cursor_name：已声明的游标的名称。在声明时全局游标和局部游标都使用了 cursor_name 作为其名称，如果指定了 GLOBAL 参数，则 cursor_name 指的是全局游标；否则 cursor_name 指的是局部游标。

（3）cursor_variable_name：游标变量的名称，该变量引用一个游标。

3. 读取游标中的数据

打开游标之后，并不能立即利用查询结果集中的数据，必须用 FETCH 语句来提取数据。FETCH 语句是游标使用的核心。一条 FETCH 命令可以读取游标当前记录中的数据并送入变量，同时使游标指针指向下一条记录（NEXT，或根据选项指向某条记录）。

FETCH 语句的基本语法格式为：

```
FETCH [ [ NEXT | PRIOR | FIRST | LAST | ABSOLUTE { n | @nar } | RELATIVE { n | @nar } ] FROM ]
{ { [ GLOBAL ] cursor_name } | @cursor_variable_name }
[ INTO @variable_name [ , … ] ]
```

参数说明如下。

（1）NEXT：紧跟当前行返回结果行，并且当前行递增为返回行。如果 FETCH NEXT 为对游标的第一次提取操作，则返回结果集中的第一行。NEXT 为默认的游标提取项。

（2）PRIOR：返回当前行的前一结果行，并且当前行递减为返回行。如果 FETCH PRIOR 为对游标的第一次提取操作，则没有行返回并且游标置于第一行之前。

① FIRST：返回游标中的第一行并将其作为当前行。

② LAST：返回游标中的最后一行并将其作为当前行。

（3）ABSOLUTE { n | @nar }：n 必须是整数常量，@nar 的数据类型必须为 smallin、tinyint 或 int。

① n | @nar 为正，则返回从游标头开始向后的第 n 行，并且将返回行变成新的当前行。

② n | @nar 为负，则返回从游标末尾开始向前的第 n 行，并且将返回行变成新的当前行。

③ n | @nar 为 0，则不返回行。

（4）RELATIVE { n | @nar }：n 必须是整数常量，@nar 的数据类型必须为 smallin、tinyint 或 int。

① n | @nar 为正，则返回从当前行开始向后的第 n 行，并且将返回行变成新的当前行。

② n | @nar 为负，则返回从当前行开始向前的第 n 行，并且将返回行变成新的当前行。

③ n | @nar 为 0，则返回当前行。

④对游标进行第一次提取时,如果将 n｜@nar 设置为负数或 0,则不返回行。

(5) INTO @variable_name［,…］:允许将提取操作的列数据放到局部变量中。局部变量列表中的各个变量从左到右与游标结果集中的相应列相关联。各变量的数据类型必须与相应的结果集列的数据类型匹配,或是结果集列数据类型所支持的隐式转换。变量的数目必须与游标选择列表中的列数一致。

对于使用游标来说,有两个全局变量非常重要。其中,@@CURSORROWS 将会返回游标中的行数;@@FETCH_STATUS 将会返回在最近一次执行 FETCH 命令之后游标的状态,在未执行任何提取操作之前,@@FETCH_STATUS 的值是未知的。

(1) 当@@FETCH_STATUS 的值为 0 时,表示最近一次 FECTH 命令成功地获取到一行数据。

(2) 当@@FETCH_STATUS 的值为－1 时,表示 FECTH 命令失败,或此数据行不在结果集中。

(3) 当@@FETCH_STATUS 的值为－2 时,表示被提取的数据行不存在。

4．关闭游标

在打开游标后,SQL Server 服务器会专门为游标开辟一定的内存空间存放游标操作的数据结果集,同时也会根据游标使用时的具体情况对某些数据进行封锁。所以,在不使用游标的时候,可以将其关闭,以释放游标所占用的服务器资源,这时,将释放当前结果集和解除定位游标行上的游标锁定。

关闭游标的 CLOSE 语句基本语法格式如下:

```
CLOSE [ GLOBAL ] cursor_name | cursor_variable_name
```

5．释放游标

游标结构本身也会占用一定的计算机资源,所以在使用完游标后,为了回收被游标占有的资源,应该将游标释放。

释放游标的 DEALLOCATE 语句的基本语法格式为:

```
DEALLOCATE [ GLOBAL ] cursor_name | cursor_variable_name
```

DEALLOCATE 命令的功能是删除由 DECLARE 说明的游标。该命令不同于 CLOSE 命令,CLOSE 命令只是关闭游标,需要时还可以重新打开。DEALLOCATE 命令则要释放和删除与游标有关的数据结构和定义。释放完游标后,如果要重新使用游标,必须重新执行声明游标的语句。

 课前小测

1. 声明游标可以用(　　)。
　　A．CREATE CURSOR　　　　　　B．ALTER CURSOR
　　C．SET CURSOR　　　　　　　　D．DECLARE CURSOR

2. (　　)是允许用户能够从 select 语句查询的结果集中,逐条逐行地访问记录,可以按照自己的意愿逐行地显示、修改或删除这些记录的数据访问处理机制。

　　A. 视图　　　　　　　B. 存储过程　　　　　C. 索引　　　　　　D. 游标

 项目实施

任务 12.1　创建基本游标,学习从声明游标到最后释放游标的基本过程

　　例 1　创建基本游标,用于查询读者姓名和所在院系,通过游标为变量赋值,并逐行显示查询结果集。

　　(1) 启动 SQL Server Management Studio,连接到本地默认实例,在"查询编辑器"窗口输入创建使用变量的游标的语句如下。

```
USE JY
GO
DECLARE @name nvarchar(40),@department nvarchar(60)
DECLARE cur_reader CURSOR
FOR
      SELECT reader_name,reader_department FROM reader
OPEN cur_reader
-- 提取第一行数据
FETCH NEXT FROM cur_reader INTO @name,@department
-- 通过判断@@FETCH_STATUS 的值而决定是否继续循环
WHILE @@FETCH_STATUS = 0
   BEGIN
         PRINT @name + ' ' + @department
          -- 取得下一行数据
         FETCH NEXT FROM cur_reader INTO @name,@department
   END
CLOSE cur_reader
DEALLOCATE cur_reader
GO
```

　　(2) 单击"执行"命令,即可成功创建游标并执行,如图 12-1 所示。

　　游标一次只能从后台数据库中读取一条记录。在多数情况下,是从结果集中的第一条记录开始提取,一直到结果集末尾,所以一般要将使用游标提取数据的语句放在一个循环体(一般是 WHILE 循环)内,直到将结果集中的全部数据提取完后,跳出循环体。通过检测全局变量@@FETCH_STATUS 的值,可以得知 FETCH 语句是否提取到最后一条记录。

图 12-1 创建使用变量的游标执行结果

任务 12.2 游标的综合应用,在存储过程中使用游标

例 2 利用存储过程和游标实现查询指定读者编号的读者姓名和所在院系。

(1) 启动 SQL Server Management Studio,连接到本地默认实例,在"查询编辑器"窗口输入联合使用存储过程和游标的语句如下。

```
USE JY
GO
-- 创建带输入参数的存储过程
CREATE PROCEDURE p_readerid @readerid char(8)
AS
  DECLARE @name nvarchar(40)
  DECLARE @department nvarchar(60)
  DECLARE cur_readerid CURSOR
  FOR
      SELECT reader_name, reader_department FROM reader WHERE reader_id = @readerid
OPEN cur_readerid
FETCH NEXT FROM cur_readerid INTO @name, @department
  -- 通过循环提取数据
WHILE @@FETCH_STATUS = 0
```

创建与使用游标

```
        BEGIN
            PRINT @name + ' ' + @department
            FETCH NEXT FROM cur_readerid INTO @name,@department
        END
    CLOSE cur_readerid
    DEALLOCATE cur_readerid
GO
--调用存储过程 p_readerid,查询读者编号为"r0006"的读者姓名和所在院系
EXEC p_readerid @ readerid = 'r0006'
GO
```

（2）单击"执行"命令，即可成功创建游标并执行，如图 12-2 所示。

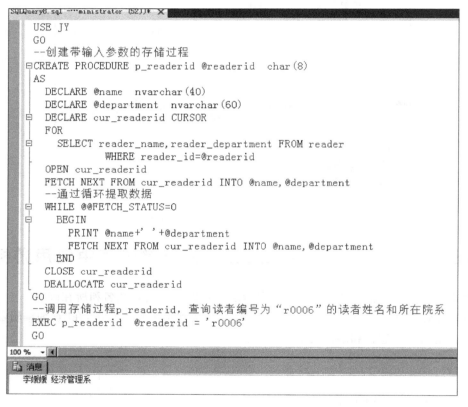

图 12-2　游标综合应用执行结果

例 3　创建一个带 SCROLL 参数的游标，用于演示 LAST、PRIOR、RELATIVE 和 ABSOLUTE 关键字的使用。

```
USE JY
GO
--定义变量
DECLARE @name nvarchar(40)
DECLARE @department nvarchar(60)
```

```
DECLARE crs_users CURSOR SCROLL                          -- 声明游标
FOR
        SELECT user_name,user_phone FROM users
OPEN crs_users                                           -- 打开游标
FETCH LAST FROM crs_users INTO @name,@department         -- 提取游标的最后一行数据
PRINT @name + ' ' + @department
FETCH PRIOR FROM crs_users INTO @name,@department        -- 提取游标当前行的前一行数据
PRINT @name + ' ' + @department
FETCH ABSOLUTE 2 FROM crs_users INTO @name,@department   -- 提取游标中的第二行数据
PRINT @name + ' ' + @department
  -- 提取游标当前行后面的第二行数据
FETCH RELATIVE 2 FROM crs_users INTO @name,@department
PRINT @name + ' ' + @department
  -- 提取游标当前行前面的第二行数据
FETCH RELATIVE - 2 FROM crs_users INTO @name,@department
PRINT @name + ' ' + @department
CLOSE crs_users                                          -- 关闭游标
DEALLOCATE crs_users                                     -- 释放游标
GO
```

执行结果如图 12-3 所示。对比原始记录排序,如图 12-4 所示,请分析本例中游标的移动过程。

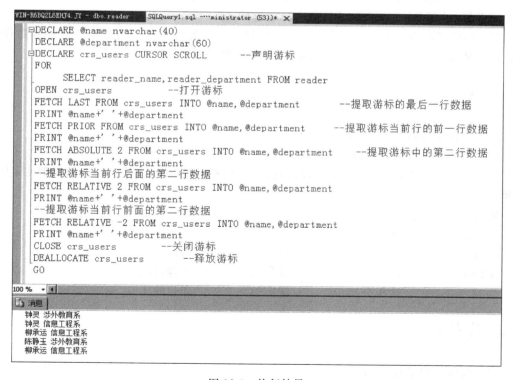

图 12-3　执行结果

创建与使用游标

图 12-4　原始数据行排序

 项目小结

（1）游标是一个可以存储查询结果集的对象，并能将存储在其中的记录提取出来进行处理。基于游标的生命周期，创建游标主要包括声明游标、打开游标、读取游标中的数据、关闭游标和释放游标。

（2）SQL Server 2012 支持 Transact-SQL 服务器游标、应用程序编程接口（API）服务器游标、客户端游标三种类型的游标。

（3）使用 DECLARE 命令声明游标、使用 FETCH 命令读取游标数据、使用 CLOSE 命令关闭游标、使用 DEALLOCATE 命令释放游标。

（4）在使用游标之后，一定要将其关闭和删除。关闭游标的作用是释放游标和数据库的连接；删除游标的作用是将其从内存中删除，以释放系统资源。

课程实训

在学生选课系统 xk 的实训中，完成：

（1）创建一个游标，打开课程表，并查看表中所有记录。

（2）创建一个游标，逐行显示课程信息，内容包括课程编号、课程名称、教师姓名、上课时间。

要求显示格式如下。

课程编号	课程名称	教师姓名	上课时间
0001	计算机应用	谢嫣然	周四晚上
课程编号	课程名称	教师姓名	上课时间
0002	微积分初步	谢宛然	周日晚上

思考练习

（1）谈谈你对游标的认识。

（2）简述使用游标的步骤。

（3）@@FETCH_STATUS 的作用是什么？

项目 **13** 　　**处理事务和锁**

项目目标

(1) 理解事务的概念及事务的属性。

(2) 了解锁的类型和锁的作用。

(3) 会在程序中使用事务。

(4) 了解查看锁的方法。

项目陈述

在"图书借阅数据库系统"中,如何保证数据正确而完整呢?为此,本项目引入事务和锁的概念,事务的作用是保证一系列的数据操作全部正确完成,不会造成数据操作执行未完成而导致数据的完整性出错。锁用于保证数据在并发操作过程中,不会受到其他影响。

任务 13.1　创建事务

任务 13.2　锁的应用案例

项目准备

13.1　事　　务

13.1.1　事务的基本概念

SQL Server 提供了约束、触发器、事务和锁等多种数据完整性的保证机制。

事务是作为单个逻辑工作单元执行的一系列操作,这些操作或者都被执行,或者都不被执行。例如,王语嫣给段誉通过银行转账汇款 1000 元的流程是这样的:银行系统首先从王语嫣的账户上扣减 1000 元,再给段誉的账户上增加 1000 元,一个完整的转账流程顺利完成。如果银行系统在王语嫣的账户上扣减了 1000 元后,银行数据库服务器突然出现故障,没有给段誉的账户上增加 1000 元,这样就造成了数据的丢失。为了避免出现数据操作的错误,SQL Server 利用事务将该转账汇款任务组成一个逻辑工作单元,该单元中的所有任务作为一个整体,要么全部完成,要么全都失败。

13.1.2 事务的属性

事务具有 4 个相互独立的特性,即原子性、一致性、隔离性、持续性。

1. 原子性

事务必须是原子工作单元。在事务结束时,事务中的操作要么全都完成,要么全都不做。

2. 一致性

事务在完成时,必须使所有的数据都保持一致状态。在相关数据库中,所有规则都应用于事务的修改,以保持所有数据的完整状态。事务结束时,所有的内部数据结构都必须是正确的。

3. 隔离性

每个事务都必须与其他事务产生的结果隔离,不管是否有其他的事务正在执行,事务都必须执行使用它的开始运行的那一刻的数据集合。隔离性是两个事务之间的屏障。例如,假设王语嫣正在更新 100 行数据,当王语嫣的事务正在执行时,段誉如果要删除王语嫣所修改的数据中的一行,删除成功了,那么就说明王语嫣的事务和段誉的事务之间的隔离性不够。

4. 持续性

不管系统是否发生故障,事务处理的结果是永久的。一旦事务被提交,它就一直处于已提交的状态。必须保证数据库产品,即使系统发生故障,它也能够将数据恢复到系统故障之前最后一个事务提交时的瞬间状态。

13.1.3 事务的分类

事务主要分为自动提交事务、隐式事务、显式事务和分布式事务 4 种类型。

1. 自动提交事务

SQL Server 中每条 T-SQL 语句都是一个事务,执行时要么成功完成,要么完全放弃。自动提交事务是 SQL Server Database Engine 的默认事务方式。会自动提交事务的语句如下所示。

ALTER TABLE	TRUNCATE TABLE	CREATE
SELECT	INSERT	UPDATE
DELETE	DROP	OPEN
FETCH	REVOKE	GRANT

2. 隐式事务

执行"SET IMPLICIT_TRANSACTIONS ON"语句后,SQL Server 进入隐性事务模式。隐式事务的意思是系统将在提交或回滚当前事务后自动启动新的事务,不需要再次定义事务的开始,但每个事务仍以 COMMIT 或 ROLLBACK 语句显式结束。隐式事务产生的是一个连续的事务链,只有当执行"SET IMPLICIT_TRANSACTIONS OFF"语句后,才能返回到自动提交事务模式。

当连接为隐性事务模式且当前不在事务中,可执行下列语句以启动事务。

ALTER TABLE	CREATE	OPEN
INSERT	SELECT	UPDATE
DELETE	DROP	TRUNCATE TABLE
FETCH	GRANT	REVOKE

3. 显式事务

每个事务均以 BEGIN TRANSACTION 语句显式开始,以 COMMIT 或 ROLLBACK 语句显式结束。

显式事务的基本语法格式如下。

```
BEGIN TRANSACTION          -- 开始事务
    T-SQL 语句
ROLLBACK TRANSACTION       -- 回滚事务,即所有从 BEGIN TRANSACTION 开始的 T-SQL 语句无效
    T-SQL 语句
COMMIT TRANSACTION         -- 结束事务
    T-SQL 语句
```

4. 分布式事务

跨越多个服务器的事务。

13.1.4 事务的隔离级别

为了提高数据的并发使用效率,可以为事务在读取数据时设置隔离状态。SQL Server 中事务的隔离状态由低到高分为以下 5 个级别。

1. 未提交读级别

该级别不隔离数据,即使事务正在使用数据,其他事务也能同时修改或删除该数据。

2. 提交读级别

指定语句不能读取已由其他事务修改但尚未提交的数据。这样可以避免脏读。该选项是 SQL Server 的默认设置。

3. 可重复读级别

指定语句不能读取已由其他事务修改但尚未提交的数据,并且指定其他任何事务都不能在当前事务完成之前修改由当前事务读取的数据。

4. 快照级别

指定事务中任何语句读取的数据都将是在事务开始时便存在的数据。事务只能识别在其开始之前所提交的数据修改。

5. 序列化级别

将事务所要用到的数据全部锁定,不允许其他事务添加、修改后删除数据。

13.2 锁

SQL Server 支持多用户共享同一个数据库。当多个用户对同一个数据库进行修改时,会产生并发问题,此时就可以使用锁,保证数据的完整性和一致性。在事务执行的过程中,SQL Server 会自动将要修改的数据进行锁定,以便在失败时可以回滚。SQL Server 的自动

锁管理机制可以进行最佳化的锁处理,在通常情况下用户都不需要自行处理有关锁的问题,在此只要对锁有些了解就可以了。如果对数据安全、数据完整性和一致性有特殊要求,则需要亲自控制数据库的锁和解锁。

13.2.1　锁的概述

由于数据库系统是一个多用户、多进程、多线程的并发系统,对数据库中的数据进行并发操作时,会带来脏读、幻象读、不可重复读和丢失更新等问题,如图 13-1 所示。

T1	T2	T1	T2	T1	T2
① R(A)=16		① R(A)=50 R(B)=100 求和=150		① R(C)=100 C←C*2 W(C)=200	
②	R(A)=16	②	R(B)=100 B←B*2 W(B)=200	②	R(C)=200
③ A←A-1 W(A)=15		③ R(A)=50 R(B)=200 和=250 (演算不对)		③ ROLLBACK C恢复为100	
④	A←A-1 W(A)=15				
丢失修改		不可重复读		读"脏"数据	

图 13-1　三种数据不一致性

1. 丢失更新

一个事务更新数据库之后,另外一个事务再次对数据库更新,此时系统只能保留最后一个数据的修改。

2. 脏读

一个事务读到另外一个事务还没有提交的数据,称为脏读。

3. 不可重复读

一个事务先后读取同一条记录,两次读取的数据不同,称为不可重复读。

4. 幻象读

一个事务先后读取同一个范围的记录,两次读取的记录数不同,称为幻象读。

锁是在一段时间内禁止用户进行某些操作,以避免产生数据不一致的现象。并发控制的主要方法就是封锁。

13.2.2　锁的分类

从数据库系统的角度来分,分为独占锁(排他锁),共享锁和更新锁。

1. 共享锁

用于不更改或不更新数据的操作(只读操作),如 SELECT 语句。

2. 更新锁

用于可更新的资源中。一般情况下,更新锁由一个事务组成。当该事务准备更新数据时,它首先对数据库对象用更新锁锁定,这样数据则将可以读取而不能被修改,等到该事务确定要进行更新数据操作时,系统会自动将更新锁换为独占锁。

3. 独占锁

用于数据修改操作,例如 INSERT、UPDATE 或 DELETE,只允许进行锁定操作的程序使用,从而确保不会同时对同一资源进行多重更新。

13.2.3 死锁

在两个或多个任务中,如果每个任务都锁定自己的资源,却又在等待其他事务释放资源,此时就会造成死锁。此时,除非某个外部程序来结束其中一个事务,否则这两个事务就会无限地等待下去。

SQL Server 的死锁监视器会定期检查陷入死锁的任务,如果监视器检测到两个或多个事务之间存在这种循环的依赖关系,将会在这多个死锁的事务之间寻找一个牺牲者,终止其事务并返回一个错误,然后释放资源给其他事务。

课前小测

1. 采用事务控制机制对材料管理数据库进行操作,利用 UPDATE 语句将材料号为"A005"的材料改为"B005",如果对入库材料表的更新操作结束后,还没来得及对出库材料表进行更新操作,突然停电了,SQL 的事务控制功能将(   )。

    A. 保留对入库材料表的修改,机器重新启动后,自动进行对出库材料表的更新

    B. 保留对入库材料表的修改,机器重新启动后,提示用户对出库材料表的进行更新

    C. 清除对入库材料表的修改

    D. 清除对入库材料表的修改,机器重新启动后,自动进行对入库材料表和出库材料表的更新

2. 表示两个或多个事务可以同时运行而不互相影响的是(   )。

    A. 原子性　　　　　B. 一致性　　　　　C. 独立性　　　　　D. 持续性

3. 关于锁,下列叙述不正确的是(   )。

    A. 死锁的解决方法是不要在数据资源上加任何锁

    B. 排他锁指对正在修改的数据上不允许别的用户读取或更新该数据

    C. 一个锁就是在多用户环境中对某一资源的一个限制,阻止其他用户访问或修改资源中的数据

    D. 共享锁指正在读取的数据上不允许别的用户修改该数据

4. 下列不属于并发操作带来的问题是(   )。

    A. 丢失修改　　　　B. 不可重复读　　　　C. 死锁　　　　D. 脏读

5. 如果有两个事务,同时对数据库中同一数据进行操作,不会引起冲突的操作是(   )。

    A. 一个是 DELETE,一个是 SELECT　　　　B. 一个是 SELECT,一个是 DELETE

    C. 两个都是 UPDATE　　　　　　　　　　　D. 两个都是 SELECT

项目实施

任务 13.1 创 建 事 务

1. 管理事务的常用 T-SQL 语句

SQL Server 中常用的事务管理语句包含如下几条。

1) BEGIN TRANSACTION

建立一个事务,标记一个显式事务的开始。其基本语法格式如下:

```
BEGIN TRANSACTION [ transaction_name ]
```

2) COMMIT TRANSACTION

提交事务,标识一个事务的结束。其基本语法格式如下:

```
COMMIT TRANSACTION [ transaction_name ]
```

BEGIN TRANSACTION 语句和 COMMIT TRANSACTION 语句同时使用,分别用来标识事务的开始和结束。因为此时数据已经永久修改,所以执行 COMMIT TRANSACTION 语句后不能回滚事务。

3) ROLLBACK TRANSACTION

事务失败时执行回滚事务,将显式事务或隐式事务回滚到事务的起点或事务内的某个保存点。其基本语法格式如下:

```
ROLLBACK TRANSACTION [ transaction_name ]
```

4) SAVE TRANSACTION

保存事务。

事务中不能包含以下语句。

CREATE DATABASE	ALTER DATABASE	DROP DATABASE
LOAD DATABASE	RESTORE DATABASE	BACKUP LOG
RESTORE LOG	LOAD TRANSACTION	DUMP TRANSACTION
DISK INIT	RECONFIGURE	UPDATE STATISTICS

2. 创建事务

创建一个事务,用于限制读者表 reader 中最多只能插入 8 条记录,如果向表中插入的记录数大于 8 条,则插入失败。具体步骤如下。

(1) 启动 SQL Server Management Studio,连接到本地默认实例,在"查询编辑器"窗口输入查看读者表 reader 中当前记录的语句如下,以对比执行前后的结果。

```
USE JY
GO
SELECT * FROM reader
GO
```

（2）单击"执行"命令，执行结果如图 13-2 所示。

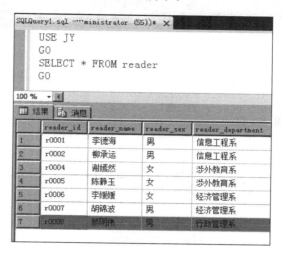

图 13-2　执行事务前读者表 reader 中的记录

（3）在"查询编辑器"窗口输入创建事务的语句如下。

```
USE JY
GO
BEGIN TRANSACTION                          -- 定义事务
    INSERT INTO reader VALUES ('r0010','夏雪','女', '公共管理系')
    INSERT INTO reader VALUES ('r0012','吴敏','女', '涉外教育系')
    DECLARE @reader_count int
    SELECT @ reader_count = (SELECT COUNT( * ) FROM reader)
    IF @reader_count > 8
        BEGIN
            ROLLBACK TRANSACTION               -- 插入失败,撤销所有的操作
            PRINT '插入读者信息太多,插入失败!'
        END
    ELSE
        BEGIN
            COMMIT TRANSACTION                 -- 提交事务
            PRINT '插入成功!'
        END
GO
```

（4）单击"执行"命令，执行结果如图 13-3 所示。读者表 reader 中原来有 7 条记录，插入两条记录之后，总的读者信息记录数为 9 条，大于题目定义的记录上限，所以插入操作失败，事务回滚了所有的操作。

（5）查询读者表 reader 中的记录，验证事务执行结果。

```
USE JY
GO
SELECT * FROM reader
GO
```

项
目
13

处理事务和锁

图 13-3　使用事务执行结果

执行结果如图 13-4 所示。可以看到,执行事务前后表中内容没有变化,因为事务撤销了对表的插入操作。

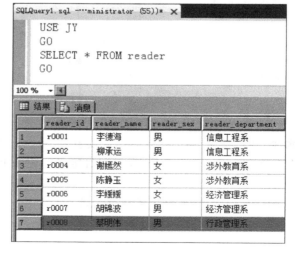

图 13-4　执行事务后读者表 reader 中的记录

任务 13.2　锁的应用案例

1. 新建两个连接用于测试独占锁

加锁后其他用户不能对加锁的对象进行操作，直到加锁用户用 commit 或 rollback 解锁。

```
CREATE TABLE ceshi1                          -- 创建用于测试锁的数据表
(  A列 char(4) NOT NULL,
   B列 char(4) NOT NULL,
   C列 char(4) NOT NULL )
GO
INSERT ceshi1 VALUES('a1','b1','c1'),('a2','b2','c2'),('a3','b3','c3')
SELECT  *  FROM ceshi1
GO
```

执行结果如图 13-5 所示。

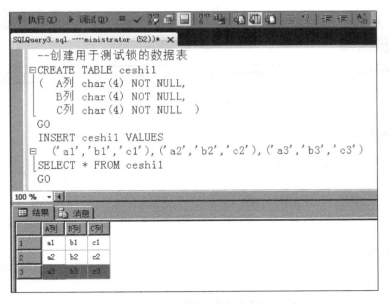

图 13-5　用于测试锁的数据表

```
-- 在第一个连接中执行以下语句
BEGIN TRANSACTION
   UPDATE ceshi1 SET A列 = 'aa' WHERE B列 = 'b2'
   WAITFOR DELAY '00:00:30'                  -- 等待 30 秒
COMMIT TRANSACTION
-- 在第二个连接中执行以下语句
BEGIN TRANSACTION
```

```
    SELECT * FROM ceshi1
    WHERE B 列 = 'b2'
COMMIT TRANSACTION
```

执行结果如图 13-6 所示,若同时执行上述两个语句,则 SELECT 查询必须等待 UPDATE 执行完毕才能执行,即要等待 30 秒。

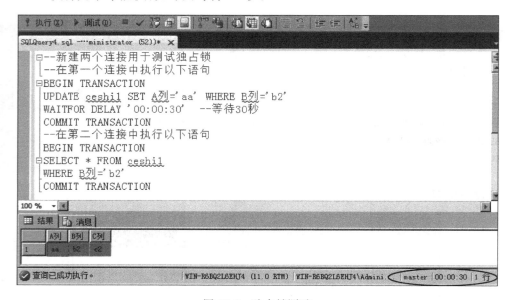

图 13-6　独占锁测试

2. 新建两个连接用于测试共享锁

```
-- 在第一个连接中执行以下语句
BEGIN TRANSACTION
    SELECT * FROM ceshi1 WITH ( HOLDLOCK )
    WHERE B 列 = 'b2'
    WAITFOR DELAY '00:00:30'                -- 等待 30 秒
COMMIT TRANSACTION
-- 在第二个连接中执行以下语句
BEGIN TRANSACTION
    SELECT A 列,C 列 FROM ceshi1 WHERE B 列 = 'b2'
    UPDATE ceshi1 SET A 列 = 'aa' WHERE B 列 = 'b2'
COMMIT TRANSACTION
```

执行结果如图 13-7 所示,若同时执行上述两个语句,则第二个连接中的 SELECT 查询可以执行,而 UPDATE 必须等待第一个事务释放共享锁转为独占锁后才能执行,即要等待 30 秒。

3. 查看锁的信息

可以使用系统存储过程 EXEC SP_LOCK 查看 SQL Server 中当前所有锁的信息,如图 13-8 所示。也可以在查询分析器中按 Ctrl+2 键查看锁的信息。

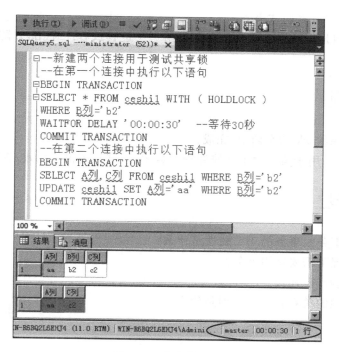

图 13-7　共享锁测试

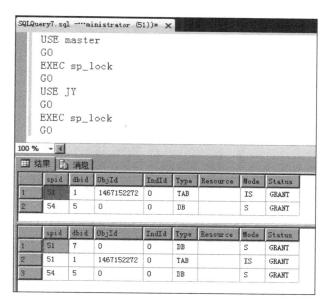

图 13-8　查看锁的信息

 项目小结

（1）事务将一段 T-SQL 语句作为一个单元来进行处理,这些语句要么全部执行,要么全都不执行。事务包括原子性、一致性、隔离性和持久性 4 个特性。事务的执行方式分为显

式事务、自动提交事务和隐式事务。

（2）锁的作用是将数据临时锁定只提供给一个进程或程序使用，并防止其他的进程或程序修改或读取。

课程实训

在学生选课系统 xk 的实训中，完成：

创建一个事务，用于实现学生选修课程门数超过三门，则报名无效，否则成功提交。

思考练习

（1）什么是事务？事务的 4 个属性是什么？

（2）什么情况下需要使用事务？

（3）为什么会产生死锁？

（4）事务和锁的关系和区别分别是什么？

項目 14　SQL Server **安全管理**

　项目目标

(1) 理解 SQL Server 2012 的安全机制。

(2) 理解用户、角色和权限的概念，掌握用户、角色和权限的管理方法。

(3) 了解架构的概念。

(4) 会在 SQL Server 中设置身份验证模式。

　项目陈述

在图书借阅数据库系统 JY 中存储着大量数据，这些数据不能对每个人都开放式使用。因此，如何使图书管理员能修改图书表 book，如何使读者能查看图书信息等，都需要使用 SQL Server 管理用户、角色和权限。

任务 14.1　设置身份验证模式

任务 14.2　创建 SQL Server 登录账户 mydbo 和 Windows 登录账户 myfirst

任务 14.3　创建数据库用户 shishi，并设置用户权限

任务 14.4　管理角色

任务 14.5　使用 T-SQL 语句管理登录账户、用户及权限

　项目准备

数据库的安全机制用以确定数据库应用系统在不同层次提供不同的安全防范。SQL Server 2012 安全管理的内容包括身份验证、权限管理、数据加密及密钥管理、用户与架构、基于策略的管理和审核等安全措施。本项目介绍 SQL Server 常规的身份验证、各类用户管理和权限管理。

14.1　SQL Server 安全机制简介

数据库的安全机制是根据具体情况确定在服务器级、数据库级以及数据库对象级上实施不同程度的安全性管理。SQL Server 安全机制的层级对用户权限的划分并不是孤立的，相邻层级之间通过账号建立关联。授予用户访问数据库需要经过三个认证过程，如图 14-1 所示。

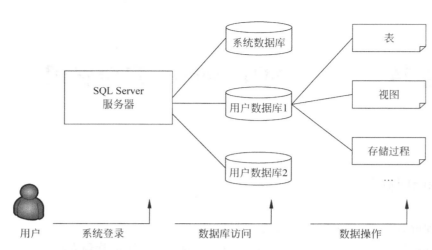

图 14-1　安全管理机制简图

（1）用户登录 SQL Server 实例时需先进行身份验证，被确认合法才能登录到 SQL Server 实例。

（2）用户在要访问的数据库里必须有一个账号。SQL Server 实例将登录映射到数据库的用户账号上，在这个账号上定义了用户对数据库管理和数据库访问的安全策略。

（3）检查用户是否具有访问数据库对象和执行操作的权限。只有经过许可权限的验证，才能实现对数据的操作。

因此，对于 SQL Server 安全机制，主要考虑以下方面的内容。

1. 身份验证模式

指 SQL Server 如何处理用户名和密码。SQL Server 提供 Windows 身份验证模式和混合验证模式两种验证模式。

2. 登录账户

访问 SQL Server 服务器的账户，但是不能访问服务器中的数据库资源。在 SQL Server 2012 中有两类登录账户：一类是 SQL Server 负责身份验证的登录账户；另一类是登录到 SQL Server 的 Windows 账户。完成 SQL Server 安装后，SQL Server 将自动建立一个特殊账户"sa"，"sa"账户拥有服务器和所有的系统数据库，可以执行服务器范围内的所有操作。

3. 数据库用户

指一个或多个登录账户在数据库中的映射。如果要访问某个数据库，必须在该数据库下建立与登录账户相对应的数据库用户。例如，"dbo"是 SQL Server 自带的一个数据库用户，当使用"sa"登录后，就能以"dbo"的身份进行数据库资源的访问。

4. 用户权限

指用户使用和操作数据库对象的权利。在 SQL Server 中可以通过设置属性、设置角色等方法来实现权限的设置。

14.2　数据库角色

角色是分配权限的单位,通过将角色授予不同的主体,达到集中管理数据库或服务器权限的目的。按照作用范围的不同,分为固定服务器角色、固定数据库角色、自定义数据库角色和应用程序角色 4 类。

1. 固定服务器角色

固定服务器角色授予管理服务器的能力,其权限作用域为服务器范围。SQL Server 2012 提供了 9 个固定服务器角色,如图 14-2 所示。固定服务器角色对应的权限如表 14-1 所示。

图 14-2　固定服务器角色

表 14-1　固定服务器角色对应权限表

固定服务器角色	说　　明
sysadmin	在 SQL Server 中执行任何活动
serveradmin	更改服务器范围的配置选项和关闭服务器
setupadmin	添加和删除连接服务器
securityadmin	管理登录名及其属性
processadmin	管理在 SQL Server 实例中运行的进程
dbcreator	创建、更改、删除和还原数据库
diskadmin	管理磁盘文件
bulkadmin	运行 BULK INSERT 语句
public	每个 SQL Server 登录账户都属于 public 服务器角色。public 服务器角色具有所有的服务器默认权限。除了 public,其他固定服务器角色的权限都不允许修改

2. 固定数据库角色

固定数据库角色是针对某个具体数据库权限的分配,提供了对数据库常用操作的权限。数据库用户可以作为数据库角色的成员,继承数据库角色的权限。SQL Server 2012 默认提供 10 个固定数据库角色,如图 14-3 所示。固定数据库角色对应的权限如表 14-2 所示。

图 14-3   固定数据库角色

表 14-2   数据库角色及其功能

固定数据库角色	功　　能
db_accessadmin	为 Windows 登录账户、Windows 组和 SQL Server 登录账户添加或删除数据库访问权限
db_backupoperator	备份数据库
db_datareader	读取所有用户表中的所有数据
db_datawriter	在所有用户表中添加、删除或更改数据
db_ddladmin	在数据库中运行任何数据定义语言命令
db_denydatareader	不能读取数据库内用户表中的任何数据
db_denydatawriter	不能添加、修改或删除数据库内用户表中的任何数据
db_owner	拥有数据库全部权限
db_securityadmin	修改角色成员身份和管理权限
public	每个数据库用户都属于 public 数据库角色。public 数据库角色具有所有的数据库默认权限

14.3   用户权限

　　用户若进行任何涉及数据库及数据库对象的操作，都必须首先获得拥有者赋予的权限。用户访问数据库的权限分为对象权限、语句权限和隐含权限三种。

1. 对象权限

　　对象权限用于控制用户对数据库对象(如表、视图和存储过程)执行某些操作的权限，是针对数据库对象设置的，它可以由系统管理员、数据库对象所有者授予收回或拒绝。例如，当用户要删除表中数据时,前提条件是他已经获得该表的 DELETE 权限。

常用的对象权限有以下几种。

(1) 针对表和视图的操作：SELECT、UPDATE、INSERT、DELETE。

(2) 针对表和视图的行的操作：INSERT、DELETE。

(3) 针对表和视图的列的操作：UPDATE、INSERT。

(4) 针对存储过程和用户自定义函数的操作：EXECUTE。

2. 语句权限

语句权限用于控制用户是否具有执行某一语句的权限,语句权限一般由系统管理员授予、收回或拒绝。常用的语句权限有以下几种。

(1) 创建数据库：CREATE DATABASE。

(2) 创建存储过程：CREATE PROCEDURE。

(3) 创建规则：CREATE RULE。

(4) 创建表：CREATE TABLE。

(5) 创建视图：CREATE VIEW。

(6) 备份数据库：BACKUP DATABASE。

(7) 备份事务日志文件：BACKUP LOG。

3. 隐含权限

隐含权限是指系统预定义而不需要授权的权限,包括固定服务器角色成员、数据库角色成员、数据库所有者和数据库对象所有者所拥有的权限。例如,sysadmin 固定服务器角色成员可以在服务器范围内执行任何操作,数据库对象所有者可以对其拥有的数据库对象执行任何操作,不需要明确地赋予权限。

14.4 架　　构

架构是一个将数据库中一组不同的对象,如表、视图等,逻辑地组织在一起的逻辑结构,是存放数据库对象的容器,是用于在数据库内定义对象的命名空间。

一个数据库可以包含多个架构,每个架构都有一个拥有者(数据库用户或角色),每个数据库用户或角色都有一个默认架构。例如创建一个表,给它指定的架构名称为 db_ddladmin,那么拥有 db_ddladmin 的用户都可以查询、修改和删除属于这个架构中的表。除了一些拥有特殊权限的组成员(如 db_owner),其他不拥有这个架构的用户不能对这个架构中的表进行操作。

SQL Server 2012 默认的架构是 dbo。如果在创建数据库对象时没有指定架构,默认将数据库对象放在 dbo 架构中。如图 14-4 所示,数据表、视图、存储过程的架构都是 dbo。

图 14-4　默认架构名

SQL Server 安全管理

 **课前小测**

1. ( )将访问许可权分配给一定的角色,用户通过扮演不同的角色获得角色所拥有的访问许可权。
　　A. 强制存取控制　　　　　　　　　　　B. 自主存取控制
　　C. 视图机制　　　　　　　　　　　　　D. 基于角色的访问控制

2. 服务器角色中,权限最高的是( )。
　　A. processadmin　　　B. securityadmin　　　C. dbcreator　　　　D. sysadmin

3. 关于登录账户和用户,下列叙述不正确的是( )。
　　A. 登录账户是在服务器级创建的,用户是在数据库级创建的
　　B. 创建用户时必须存在一个用户的登录账户
　　C. 用户和登录账户必须同名
　　D. 一个登录账户可以对应多个用户

4. SQL Server 2012 的安全性管理可分为 4 个等级,不包括( )。
　　A. 操作系统级　　　　　　　　　　　　B. 用户级
　　C. SQL Server 级　　　　　　　　　　　D. 数据库级

5. 访问 SQL Server 实例的登录有两种验证模式:Windows 身份验证和( )身份验证。
　　A. Windows NT　　　B. SQL Server　　　C. 混合模式　　　D. 以上都不对

项目实施

任务 14.1　设置身份验证模式

1. Windows 身份验证模式

一般情况下,SQL Server 数据库系统都运行在 Windows 服务器上。Windows 身份验证模式利用操作系统用户安全性和账号管理机制,允许 SQL Server 使用 Windows 的用户名和密码。SQL Server 2012 默认使用 Windows 身份验证模式,即本地账号登录。当数据库仅在内部访问时,使用 Windows 身份验证模式可以获得最佳工作效率。

2. 混合验证模式

允许用户使用 Windows 身份验证模式或 SQL Server 身份验证模式。在 SQL Server 身份验证模式下,用户的登录账户信息保存在数据库中的 syslogins 系统表中,与 Windows 的登录账户无关。混合验证模式一般用于外部的远程访问,比如程序开发中的数据库访问。

3. 设置身份验证模式

SQL Server 两种验证模式不同用户可以根据不同用户的实际情况进行选择。具体操作步骤如下。

(1) 启动 SQL Server Management Studio,在"对象资源管理器"窗口右击服务器名称,在弹出的快捷菜单中选择"属性"菜单命令,打开"服务器属性"窗口。

（2）在"服务器属性"窗口，如图 14-5 所示，选择"安全性"选项卡。在该窗口中，系统提供了设置身份验证的模式，根据实际需要选择其中的一种模式，单击"确定"按钮，重新启动 SQL Server 服务，即可完成身份验证模式的设置。

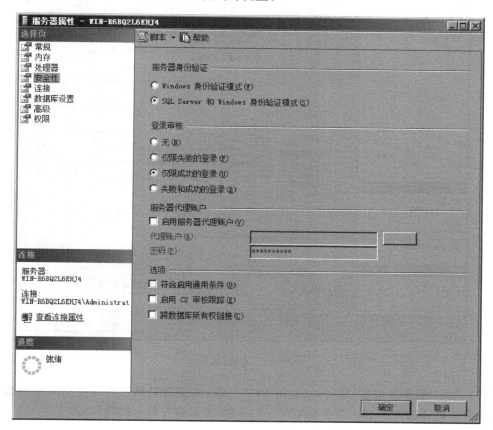

图 14-5 "服务器属性"窗口

任务 14.2 创建 SQL Server 登录账户 mydbo 和 Windows 登录账户 myfirst

安装完 SQL Server 2012 之后，系统会自动创建一些登录账户，这些账户称为系统内置登录账户。数据库系统管理员也可以根据需要创建登录账户。

1. 创建 SQL Server 登录账户

在 SQL Server Management Studio 中创建 SQL Server 登录账户具体步骤如下。

（1）进入 SQL Server Management Studio，在"对象资源管理器"中展开"安全性"选项，右击"登录名"选项，在弹出的快捷菜单中选择"新建登录名"菜单命令，打开"登录名-新建"窗口，打开"常规"选项卡，如图 14-6 所示，选择"SQL Server 身份验证"单选按钮，输入登录名和密码，并选择新账户的默认数据库。

SQL Server 安全管理

图 14-6 "常规"选项卡

（2）打开"服务器角色"选项卡，如图 14-7 所示，为该登录账户确定相应的服务器角色成员身份。默认选择 public 服务器角色成员身份，表示拥有最小权限。

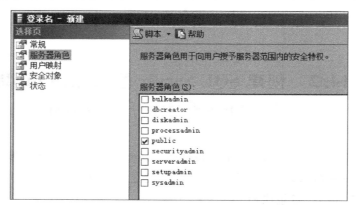

图 14-7 "服务器角色"选项卡

（3）打开"用户映射"选项卡，如图 14-8 所示，启用默认数据库，系统会自动创建与登录名同名的数据库用户，并进行映射。同时选择该登录账户的数据库角色，为登录账户设置权限。默认选择 public 数据库角色成员身份，表示拥有最小权限。

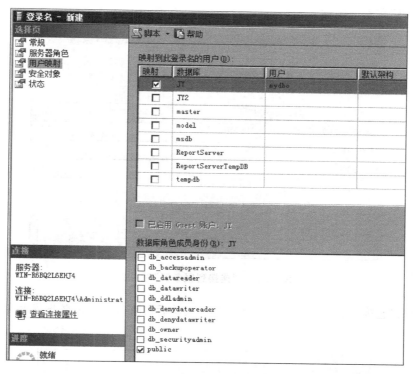

图 14-8　"用户映射"选项卡

（4）打开"状态"选项卡，将"是否允许连接到数据库引擎"设置为"授予"，将"登录"设置为"已启用"，如图 14-9 所示。

（5）单击"确定"按钮，完成 SQL Server 登录账户的创建，如图 14-10 所示。

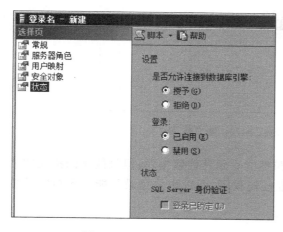

图 14-9　"状态"选项卡

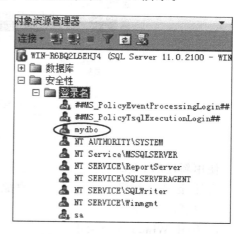

图 14-10　创建登录账户 mydbo

（6）连接数据库引擎。单击"对象资源管理器"窗口中工具栏上的 连接 按钮，在下拉菜单中选择"数据库引擎"命令，弹出"连接到服务器"对话框，如图 14-11 所示，在"身份验证"下拉列表框中选择"SQL Server 身份验证"，在"登录名"下拉列表框中输入新创建的用

234

户名,在"密码"文本框中输入密码。

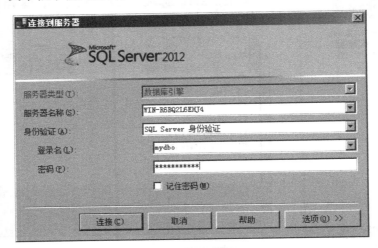

图 14-11 "连接到服务器"对话框

(7) 单击"连接"按钮,登录到服务器。登录成功后可查看相应的数据库对象,如图 14-12
所示。

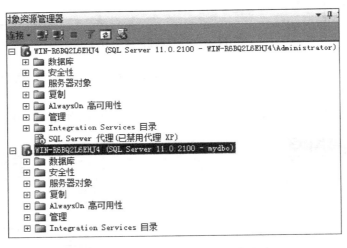

图 14-12 使用 SQL Server 账户登录

使用新建的 SQL Server 账户登录后,虽然能看到其他数据库,但只能访问指定的数据
库。另外,因为系统没有给该登录账户配置任何权限,所以当前登录只能进入指定的数据
库,不能执行其他操作。

2. 创建 Windows 登录账户

在"控制面板"中创建 Windows 登录账户具体步骤如下。

(1) 依次展开"开始"→"控制面板"→"管理工具"→"计算机管理"→"系统工具"→"本
地用户和组"级联菜单,右击"用户"选项,在弹出的快捷菜单中选择"新用户"菜单命令,如
图 14-13 所示。

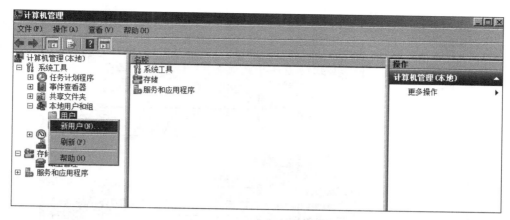

图 14-13 "计算机管理"窗口

（2）打开"新用户"对话框，如图 14-14 所示，输入用户名和密码，单击"创建"按钮，完成新用户的创建。

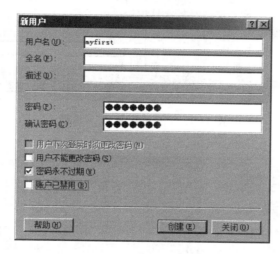

图 14-14 "新用户"对话框

（3）登录 SQL Server，进入 SQL Server Management Studio，在"对象资源管理器"中展开"安全性"选项，右击"登录名"节点，在弹出的快捷菜单中选择"新建登录名"命令，打开"登录名-新建"对话框，如图 14-15 所示。

（4）在"登录名-新建"对话框中，单击"登录名"文本框右边的"搜索"按钮，弹出"选择用户或组"对话框，单击对话框中的"高级"→"立即查找"按钮，将弹出"搜索结果"列表。从"搜索结果"列表中选择刚才创建的新用户，如图 14-16 所示。

（5）双击新创建的用户名，返回"选择用户或组"对话框。此时，新用户名已经列在"输入要选择的对象名称"下面的文本框中，单击"确定"按钮，返回"登录名-新建"对话框，如图 14-17 所示，选择"Windows 身份验证"单选按钮，同时在"默认数据库"下拉列表框中选择 JY 数据库。

（6）单击"确定"按钮，完成 Windows 身份验证账户的创建，如图 14-18 所示。

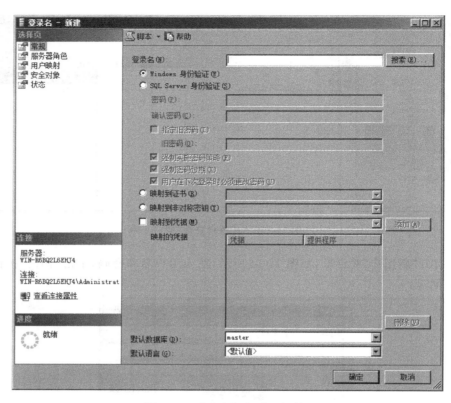

图 14-15 "登录名-新建"对话框

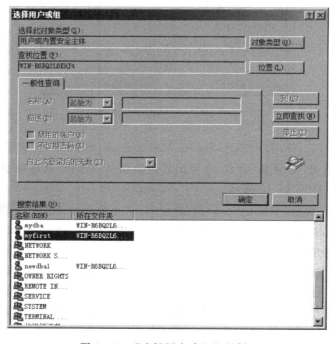

图 14-16 "选择用户或组"对话框

图 14-17　新建 Windows 登录

图 14-18　创建 Windows 身份验证账户

3. 删除登录账户

在"对象资源管理器"中依次展开"安全性"→"登录名"选项，右击需要删除的登录账户，在弹出的快捷菜单中选择"删除"命令，如图 14-19 所示，即可删除登录账户。

图 14-19　删除登录账户

任务 14.3　创建数据库用户 shishi，并设置用户权限

登录名是存放在服务器上的一个实体，使用登录名可以进入服务器，但是不能访问服务器中的数据库资源。例如，"sa"是 SQL Server 自带的一个登录名，"dbo"是 SQL Server 自带的一个数据库用户名，当使用"sa"进行登录后就可以以"dbo"用户的身份进行数据库资源访问。

（1）数据库用户要在特定的数据库内创建，并关联一个登录账户。

（2）可以为一个登录账户在多个用户数据库下建立对应的数据库用户。

（3）一个登录账户在一个用户数据库下只能对应一个数据库用户。

1. 创建数据库用户

在 SQL Server Management Studio 中创建数据库用户有两种方法：一种是在创建登录账户时同时指定该账户作为数据库用户的身份。例如，在图 14-8 所示的"用户映射"选项卡中，在"映射到此登录名的用户"复选框中指定要访问的数据库，则登录 SQL Server 服务器的用户同时也成为指定数据库的用户。默认情况下，登录名和数据库用户名相同。另一种方法是单独创建数据库用户。

在 SQL Server Management Studio 中单独创建数据库用户的具体操作步骤如下。

（1）进入 SQL Server Management Studio，在"对象资源管理器"中依次展开"数据库"→JY→"安全性"选项，右击"用户"选项，在弹出的快捷菜单中选择"新建用户"菜单命令，打开"数据库用户-新建"窗口，输入数据库用户名和其关联的登录名，如图 14-20 所示。

（2）单击"确定"按钮，完成数据库用户 shishi 的创建，如图 14-21 所示。

2. 设置用户权限

在 SQL Server Management Studio 中对数据库用户进行权限设置的具体操作步骤如下。

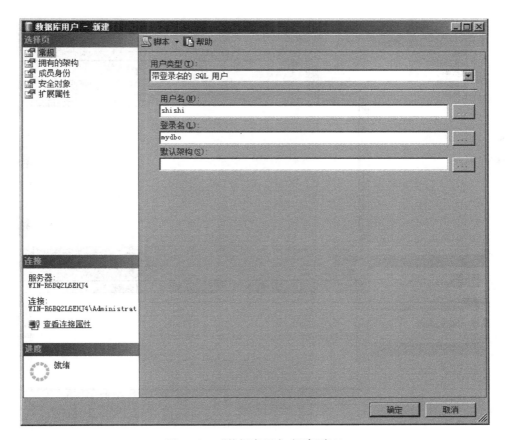

图 14-20 "数据库用户-新建"窗口

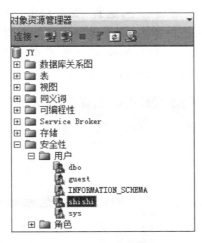

图 14-21 数据库用户的创建

（1）进入 SQL Server Management Studio，在"对象资源管理器"中依次展开"数据库"→JY→"安全性"→"用户"选项，右击 shishi 选项，在弹出的快捷菜单中选择"属性"菜单命令，打开"数据库用户-shisih"对话框，如图 14-22 所示。

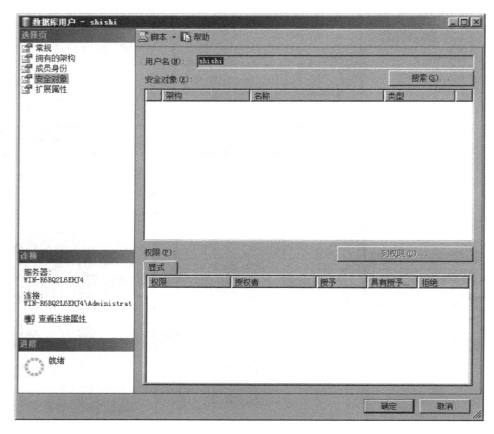

图 14-22 "数据库用户-shisih"对话框

(2)在"数据库用户-shisih"对话框中,选择"安全对象"选项卡,单击"搜索"按钮,打开"添加对象"对话框。在该对话框中单击"属于该架构的所有对象",并在下拉列表框中选择dbo 架构,如图 14-23 所示。这时,用户 shish 就具备了 dbo 的权限。设置完毕后,单击"确定"按钮,返回"数据库用户-shisih"对话框,单击"确定"按钮。

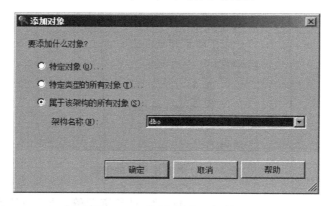

图 14-23 "添加对象"对话框

（3）也可以设置特定对象权限，如表 14-3 所示。

表 14-3　特定对象权限的设置步骤

步　　骤	图　　示
① 单击"特定对象"单选按钮，单击"确定"按钮	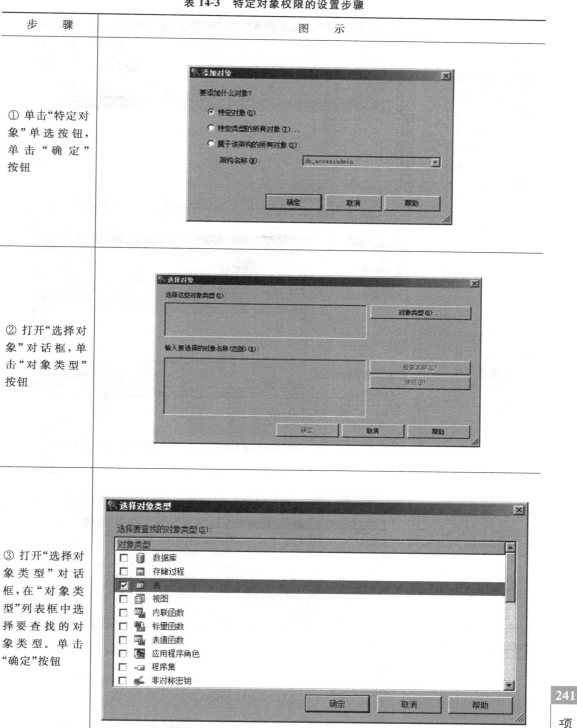
② 打开"选择对象"对话框，单击"对象类型"按钮	
③ 打开"选择对象类型"对话框，在"对象类型"列表框中选择要查找的对象类型。单击"确定"按钮	

步 骤	图 示
④ 返回"选择对象"对话框，单击"浏览"按钮，打开"查找对象"对话框，从中选择需要操作的对象，单击"确定"按钮	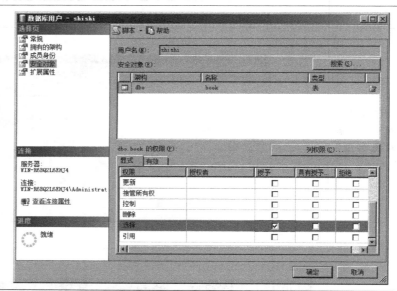
⑤ 返回"数据库用户-shishi"窗口，设置用户权限，单击"列权限"按钮	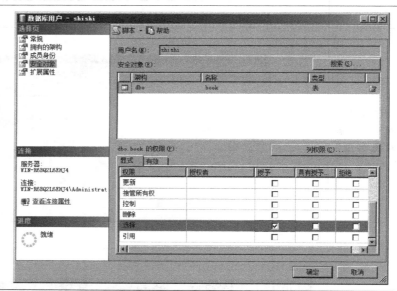
⑥ 进一步设置列权限	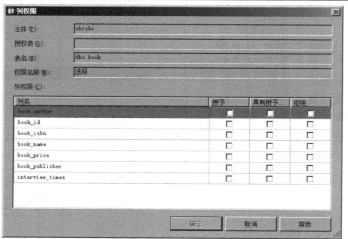

3. 删除数据库用户

删除数据库用户的方法与删除登录账户的方法一样,此处不再赘述。

4. 特殊的数据库用户

SQL Server 数据库中有两个特殊的数据库用户,分别是 dbo 和 guest。

(1) dbo 是数据库的拥有者,可以在数据库范围内执行所有操作。dbo 用户对应于 sa 登录账户,不能被删除。在安装 SQL Server 时,dbo 用户被设置在 model 数据库中,所以,每个数据库中都有 dbo 用户。

(2) guest 用户可以使任何登录到 SQL Server 服务器的用户都能访问数据库。除 model 以外,所有系统数据库都设置了 guest 用户,而且 master 和 tempdb 数据库中的 guest 用户不能删除。所有新建的数据库都没有 guest 用户,如果需要,则必须使用系统存储过程 sp_grantdbaccess 创建该用户。

任 务 14.4 管 理 角 色

角色作为分配权限的单位,通过将角色授予不同的主体,可以集中管理数据库或服务器权限。在 SQL Server Management Studio 中为数据库用户添加或取消数据库角色的具体操作步骤如下。

(1) 在"对象资源管理器"中依次展开"服务器"→"数据库"→JY→"安全性"→"用户"选项,右击需要设置数据库角色的数据库用户,在弹出的快捷菜单中选择"属性"菜单命令,打开"数据库用户-shishi"对话框,选择"成员身份"选项卡,如图 14-24 所示,单击"数据库角色成员身份",列表框中的 db_owner 复选框,表示该数据库用户成为该数据库角色的成员,即具有相应的权限。

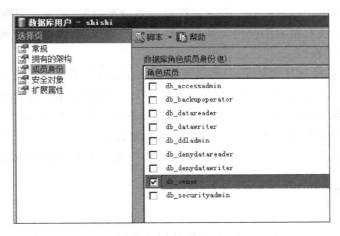

图 14-24 "成员身份"选项卡

(2) 单击"确定"按钮,完成相关设置。

(3) 也可以在打开的"数据库用户-shishi"对话框的"安全对象"选项卡中设置用户权限。

任务 14.5　使用 T-SQL 语句管理登录账户、用户及权限

创建 SQL Server 登录账户的语句如下。

```
CREATE LOGIN mydba
WITH PASSWORD = '123',DEFAULT_DATABASE = JY
```

创建数据库用户的语句如下。

```
CREATE USER shishi
```

使用 sp_addrolemember 授予用户 shishi 具备 dbo 角色权限的语句如下。

```
sp_addrolemember db_owner,shishi          -- 授予用户 shishi 具备 dbo 角色权限
sp_droprolemember db_owner,shishi         -- 收回用户 shishi 具备 dbo 角色权限
```

使用 GRANT(授权)、REVOKE(收权)和 DENY(拒权)来管理对象权限的语句如下。

```
GRANT CREATE TABLE TO shishi              -- 授予数据库用户 shishi 创建表的权限
GRANT SELECT ON reader TO shishi          -- 授予数据库用户 shishi 查询表的权限
-- 授予数据库用户 shishi 插入、更新、删除表的权限
GRANT INSERT,UPDATE,DELETE ON book TO shishi
REVOKE CREATE TABLE FROM shishi           -- 收回数据库用户 shishi 创建表的权限
```

用户对数据库的访问权限除了要看其权限设置情况以外,还要受其所属角色的权限的影响。某个用户的所有权限集合包含其直接授予获得的权限,加上其所属角色所继承的权限,再去掉被拒绝的权限。

例如,用户 shishi 属于角色 manager,而角色 manager 具有对图书表 book 的 UPDATE 权限,则用户 shishi 也自动获得对图书表 book 的 UPDATE 权限,属于继承角色权限。如果角色 manager 没有对图书表 book 的 DELETE 权限,但用户 shishi 直接获得对图书表 book 的 DELETE 权限,则用户 shishi 最终也取得对图书表 book 的 DELETE 权限。而拒绝的优先级别是最高的,只要 shishi 和 manager 其中之一拒绝,则该权限就被拒绝。

项目小结

(1) SQL Server 2012 的安全包括服务器安全和数据安全两部分。服务器安全是指什么人可以登录服务器、登录服务器后可以访问哪些数据库、在数据库中可以访问什么内容。数据安全包括数据的完整性和数据库文件的安全性。

(2) 要登录 SQL Server 访问数据库,必须拥有一个 SQL Server 服务器允许登录的账户。SQL Server 提供 Windows 身份验证模式和混合验证模式两种验证模式。

(3) 架构是 SQL Server 安全对象的一部分。架构可以看成包含数据表、视图、存储过

程等的容器,架构中的每个对象的名称都必须是唯一的。

(4)角色是用来指定权限的一种数据库对象,每个数据库都有自己的角色对象,可以为每个角色设置不同的权限。把数据库用户设置为某个角色的成员,那么该数据库就会继承这个角色的权限。

(5)通过"用户"这个对象,可以设置数据库的使用权限。

课程实训

在学生选课系统 xk 的实训中,完成:

(1)分别用 SQL Server Management Studio 和 Transact-SQL 创建名为 manager 的 SQL Server 登录账户,并将其指派到 securityadmin 角色。

(2)在 xsxk 数据库中创建数据库用户 duany,并将其映射到登录账户 manager,该用户没有操作该数据库的其他任何权限。

(3)授予数据库用户 duany 固定数据库角色 db_owner。

(4)指定数据库用户 duany 对 xsxk 数据库中的班级表和系部表具有删除操作的权限。

(5)测试数据库用户 duany 的权限。

思考练习

(1)SQL Server 两种身份验证方式的区别是什么?

(2)SQL Server 用户名和登录名有什么区别?

(3)使用用户创建登录名登录和使用"sa"登录有什么区别?

(4)数据库角色的作用是什么?有什么好处?

(5)在数据库中进行权限设置的作用是什么?

项目 15  **维护数据库**

 项目目标

（1）了解备份与恢复的概念。
（2）掌握备份设备的概念。
（3）会联机或脱机数据库。
（4）会备份和恢复数据库。
（5）会导入和导出数据。
（6）掌握查看备份设备的系统存储过程。

 项目陈述

在数据库的实际应用中，任何不确定的意外情况都有可能造成数据的损失，如何保证数据安全是数据库管理员最重要的工作之一。因此，需要对数据进行定期备份，一旦数据库中的数据丢失或者出现错误，就可以使用备份的数据进行恢复。除此之外，还经常需要将不同数据来源的数据进行相互传输，提高工作效率。

任务 15.1　脱机后复制图书借阅数据库系统 JY 的数据库文件
任务 15.2　创建备份设备
任务 15.3　完整备份图书借阅数据库系统 JY
任务 15.4　恢复图书借阅数据库系统 JY
任务 15.5　将图书借阅数据库系统 JY 的图书表 book 导出为 Excel 文件
任务 15.6　将 Excel 文件 JY.xls 导入到数据库 JY2 的数据表中

项目准备

15.1　数据库备份

数据库备份就是对数据库结构和数据库对象进行复制，使数据库遭到破坏时能够及时修复。

1. 备份权限
系统管理员、数据库拥有者和数据库备份执行者（db_backupoperator）拥有备份权限。

2. 备份时间

不同类型的数据库对备份的要求不同。

（1）系统数据库：适宜在执行了涉及修改数据库的某些操作之后立即做备份。例如，新建用户数据库或新建登录账户之后，应该备份 master 数据库。

（2）用户数据库：应该采用周期性备份方式，出现创建数据库或装载数据之后、清理完事务日志之后、创建索引之后和执行大容量数据操作之后 4 种情况时需要备份数据库。

3. 备份类型

对数据库的备份，不是简单地将当前数据库复制一个副本。例如，某一个数据库的数据库文件和事务日志文件共有 10GB，如果每天都将数据库文件和事务日志文件复制一个副本，一个月就需要 300GB 的存储空间，这显然是不现实的。SQL Server 有以下 4 种备份类型。

1）完整数据库备份

备份整个数据库，包括所有的对象、系统表、数据以及部分事务日志。一般情况下，完整数据库备份用于对可快速备份的小数据库进行备份，或者作为大型数据库的初始备份，为其他备份方法提供一个基线。

2）差异数据库备份

基于最近一次完整数据库备份，仅备份该次完整备份后发生更改的数据库文件、事务日志文件以及数据库中其他发生了更改的对象，是一种增量备份。

3）文件和文件组备份

对数据库中的部分文件和文件组进行备份。在进行文件和文件组备份后要再进行事务日志备份，否则备份在文件和文件组备份中的所有数据库变化将无效。

4）事务日志备份

备份最后一个备份（包括数据库完整备份、差异备份和事务日志备份）之后的事务日志记录。在进行事务日志备份之前，至少应有一次完整数据库备份。

15.2　备　份　设　备

备份设备是用来存储数据库、事务日志、文件和文件组备份的存储介质，常见的备份设备有磁盘备份设备、磁带备份设备和命名管道备份设备。备份数据库之前，首先必须指定或创建备份设备。这里以磁盘备份设备为例说明。磁盘备份设备是存储在硬盘或者其他磁盘媒体上的文件，与普通的操作系统文件一样。

SQL Server 使用逻辑设备名称和物理设备名称来标识备份设备。物理设备名称实际上就是通过操作系统使用的路径名称来标识备份设备的，如 d:\sql\backup\data_bk.bak。逻辑设备名称是用来标识物理设备的别名，如 data_bk，这个名称被保存在 SQL Server 系统表中，可以使用逻辑设备名称来代替物理设备名称。

15.3　数据库恢复

建立好数据库后应该根据数据库的重要程度选择数据库恢复模式，因为它直接决定了数据库能够进行何种形式的备份。数据库恢复是指将数据库备份加载到系统中的过程。系统在恢复数据库的过程中,自动执行安全性检查、重建数据库结构以及完成数据库内容的填写。在本项目中,可以打开 SQL Server Management Studio 窗口,在"对象资源管理器"窗口中展开"数据库"选项,右击数据库 JY,在弹出的快捷菜单中选择"属性"菜单命令,在打开的"数据库属性"对话框中选择"选项"选项页,根据实际需求设置适合的数据库恢复模式,如图 15-1 所示。

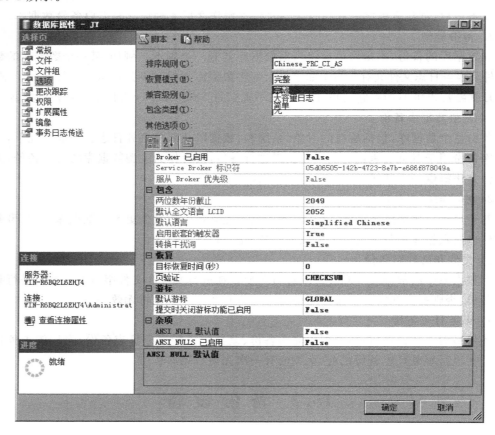

图 15-1　定义数据库的恢复模式

1. 恢复模式

SQL Server 提供简单恢复模式、完全恢复模式和大容量日志模式三种恢复模式。不同恢复模式在备份、恢复方式和性能方面存在差异,而且不同的恢复模式对避免数据损失的程度也不同。

(1) 简单恢复模式:在该模式下,所有对数据库的更改操作都不会记录在日志文件中。因此,可以将数据库恢复到上一次的备份,但不能将数据库恢复到特定的时间点或故障点,是最容易实现的模型。在该恢复模式下,将不能进行事务日志备份和文件或文件组备份。

(2) 完整恢复模式:用于需要还原到某个特定时间点的数据库恢复。在这种恢复模式下,任何对数据库的更改操作都记录在日志文件中。

(3) 大容量日志恢复模式:介于完全恢复和简单恢复模式之间,CREATE INDEX、

BULK INSERT、BCP、SELECT INTO 等大规模大容量操作将不记录在事务日志中,其他对数据库的更改操作均写入日志文件。

2. 恢复的顺序

在恢复数据库时,必须先恢复最近的完整数据库备份,该备份记录了数据库最近的全部信息;接着恢复最近的差异数据库备份(如果有的话),该备份记录了上次完整数据库备份之后对数据库所做的全部修改,然后按照事务日志备份的先后顺序恢复自最近的完整数据库备份或差异备份之后的所有日志备份。

15.4 数据库转换

数据库转换是指将 SQL Server 中的数据与其他格式的数据库或数据文件进行数据交换。SQL Server 提供了数据导入导出工具来实现各种不同格式的数据库之间的数据转换。

 课前小测

1. 在 SQL Server 2012 的实际备份方案中,花费时间最短的备份是(　　)。

  A. 完整数据库备份　　　　　　　　B. 差异数据库备份

  C. 文件和文件组备份　　　　　　　D. 事务日志备份

2. 关于数据库的备份和恢复操作,下面叙述中不正确的是(　　)。

  A. 恢复是指将数据库备份加载到服务器中的过程

  B. 在线备份允许系统进行备份操作的同时进行对数据库的各种操作,包括创建或删除数据库文件等

  C. 数据库备份和恢复是 DBA 日常最重要的工作之一

  D. 在自动或手工缩小数据库时禁止进行备份处理

3. 事务日志用于保存(　　)。

  A. 程序运行过程　　　　　　　　　B. 程序的执行结果

  C. 对数据的更新操作　　　　　　　D. 对数据的查询操作

4. 数据库恢复的基础是利用转储的冗余数据。这些转储的冗余数据包括(　　)。

  A. 数据字典、应用程序、数据库后备副本　　B. 数据字典、应用程序、审计档案

  C. 日志文件、数据库后备副本　　　　　　D. 数据字典、应用程序、日志文件

5. 假设有两个完整数据库备份:9:00 时的完整备份 1 和 11:00 时的完整备份 2,另外还有三个日志数据库备份:9:30 时基于完整备份 1 的日志备份 1、10:00 时基于完整备份 1 的日志备份 2 以及 11:30 基于完整备份 2 的日志备份 3。如果要将数据库恢复到 11:15 的数据库状态,则可以采用(　　)。

    A. 完整备份 1＋日志备份 3

    B. 完整备份 2＋尾部日志

    C. 完整备份 1＋日志备份 1＋日志备份 2＋日志备份 3

    D. 完整备份 2＋日志备份 3

任务 15.1 脱机后复制图书借阅数据库系统 JY 的数据库文件

当数据库处于联机状态时不能复制数据库文件。采用脱机和联机操作可方便地复制数据库文件，比分离和附加数据库更加简单方便。脱机和联机具体操作步骤如下。

（1）在"对象资源管理器"窗口依次展开"数据库"→JY 选项，右击需脱机操作的 JY 数据库，在弹出的快捷菜单中选择"任务"→"脱机"级联菜单命令，弹出"使数据库脱机"窗口，如图 15-2 所示，显示数据库脱机成功。单击"关闭"按钮完成操作。

（2）脱机后的数据库标识如图 15-3 所示，并带有"脱机"字样。这时，可以进行复制数据库文件的操作。

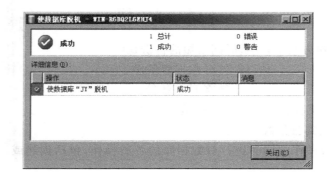

图 15-2 "使数据库脱机"窗口

图 15-3 数据库脱机标识

（3）在"对象资源管理器"窗口依次展开"数据库"→JY 选项，右击需联机操作的 JY 数据库，在弹出的快捷菜单中选择"任务"→"联机"级联菜单命令，弹出"使数据库联机"窗口，如图 15-4 所示，显示数据库联机成功。单击"关闭"按钮完成操作。

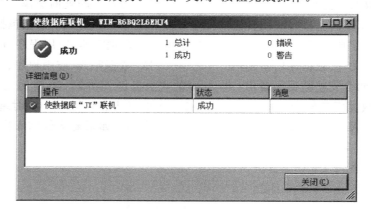

图 15-4 "使数据库联机"窗口

需要注意的是,数据库处于离线状态时不可使用。如果数据库系统允许短暂脱机,那么可以让数据库脱机,然后复制数据库文件,完成备份,再联机数据库。在实际中,使用更多的是联机备份数据。

任务 15.2　创建备份设备

在 SQL Server Management Studio 中创建备份设备具体操作步骤如下。

(1) 打开 SQL Server Management Studio 窗口,在"对象资源管理器"窗口中展开"服务器对象"选项,右击"备份设备"选项,在弹出的快捷菜单中选择"新建备份设备"菜单命令,如图 15-5 所示。

(2) 在打开的"备份设备"窗口中,设置备份设备的名称、目标文件的位置,如图 15-6 所示。单击"确定"按钮,完成创建备份设备的操作。

图 15-5　选择"新建备份设备"命令

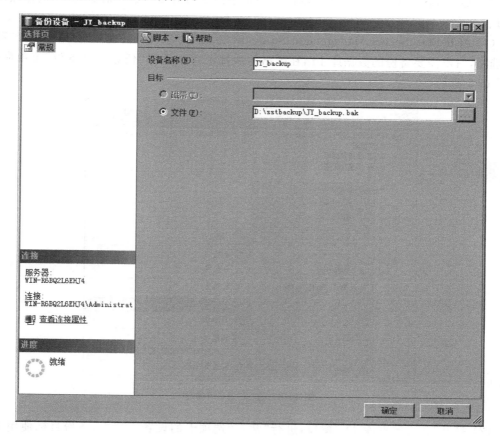

图 15-6　"备份设备"窗口

维护数据库

（3）使用系统存储过程 sp_helpdevice 查看当前服务器上所有备份设备的状态信息,如图 15-7 所示。

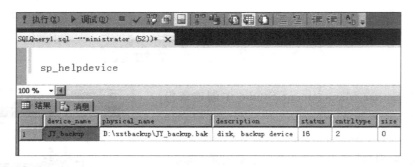

图 15-7　查看服务器上的设备信息

任务 15.3　完整备份图书借阅数据库系统 JY

在 SQL Server Management Studio 中完整备份图书借阅数据库系统 JY 的具体操作步骤如下。

（1）打开 SQL Server Management Studio 窗口,在"对象资源管理器"窗口中展开"数据库"选项,右击需要备份的数据库 JY,在弹出的快捷菜单中选择"任务"→"备份"菜单命令,如图 15-8 所示。

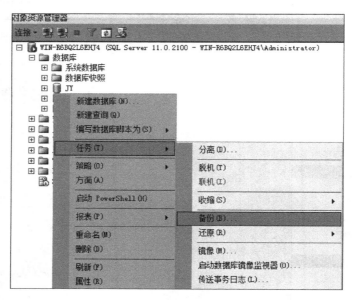

图 15-8　选择"备份"命令

（2）打开"备份数据库-JY"窗口,进行"常规"选项卡的设置。其中,备份目标使用上次备份的默认值。如果是首次备份,则系统会给出默认的备份路径和文件,先单击"删除"按钮,如图 15-9 所示。

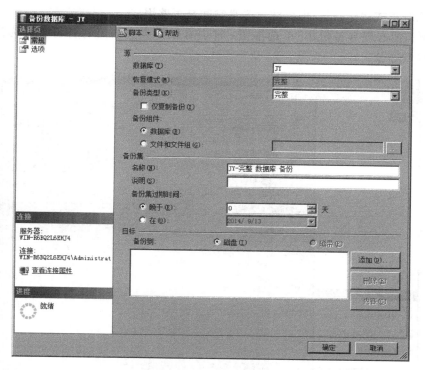

图 15-9 "常规"选项卡

（3）单击"添加"按钮，在打开的"选择备份目标"对话框中，选择要存储备份内容的备份设备，如图 15-10 所示，其中：

①"文件名"单选按钮：采用临时性的备份文件存储备份内容。

②"备份设备"单选按钮：采用永久性的备份文件。

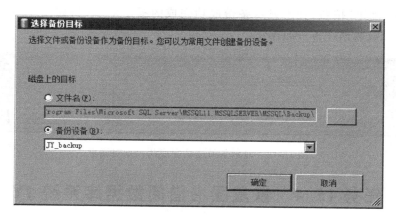

图 15-10 "选择备份目标"对话框

单击"确定"按钮，返回"备份数据库-JY"窗口。

（4）在"备份数据库-JY"窗口中，如图 15-11 所示，进行"选项"选项卡的设置。其中：

①"追加到现有备份集"单选按钮：将备份集追加到现有媒体集，保留以前的所有备

份。适于系统正式运作备份，但要注意磁盘空间是否够用。

②"覆盖所有现有备份集"单选按钮：将现有媒体集上的所有备份替换为当前备份。适于一般移动办公。

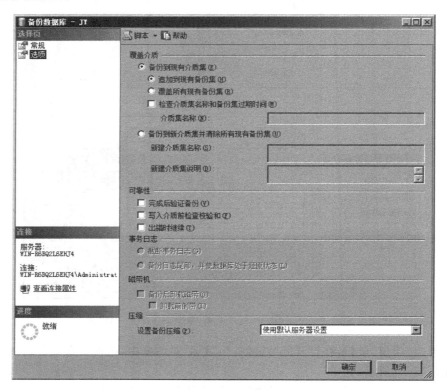

图 15-11　"选项"选项卡

（5）单击"确定"按钮，弹出显示备份成功完成的提示对话框，如图 15-12 所示。单击"确定"按钮，完成数据库备份的操作。

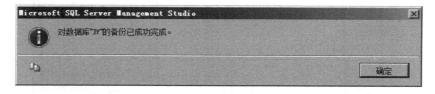

图 15-12　显示备份成功完成的提示对话框

任务 15.4　恢复图书借阅数据库系统 JY

在 SQL Server Management Studio 中恢复图书借阅数据库系统 JY 的具体操作步骤如下。

（1）恢复前的准备。在数据库的恢复过程中不允许用户操作数据库，应当断开准备恢复的数据库的连接，否则不能启动恢复进程。因此，在恢复数据库前要对数据库的访问进行一些必要的限制。打开 SQL Server Management Studio 窗口,在"对象资源管理器"窗口中展开"数据库"选项,右击需要恢复的数据库 JY,在弹出的快捷菜单中选择"属性"菜单命令,打开"数据库属性-JY"窗口,选择"选项页"中的"选项"选项卡,如图 15-13 所示。在打开的窗口中,"限制访问"下拉列表框中有以下三个选项。

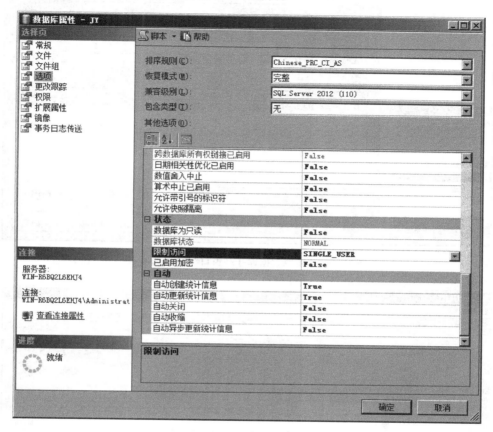

图 15-13 "选项"选项卡

① MULTI_USER:多用户选项,表示多个用户可以同时操作数据库。

② SINGLE_USER:单用户选项,表示只允许一个用户操作数据库。

③ RESTRICTED_USER:受限制用户选项,表示只有系统管理员、数据库拥有者和数据库创建者这些角色中的成员才可以访问数据库。

选择 SINGLE_USER 或 RESTRICTED_USER 来限制用户对数据库的访问。单击"确定"按钮。

(2) 在"对象资源管理器"窗口中展开"数据库"选项,右击需要恢复的数据库 JY,在弹出的快捷菜单中选择"任务"→"还原"→"数据库"菜单命令,打开"还原数据库-JY"窗口,如图 15-14 所示。

(3) 在"还原数据库-JY"窗口中,进行"常规"选项卡的设置。其中:

① 单击"时间线"按钮,将弹出如图 15-15 所示的"备份时间线:JY"对话框,单击"上次所做备份"单选按钮,单击"确定"按钮返回"还原数据库-JY"窗口。

256

图 15-14 "还原数据库-JY"窗口"常规"选项卡

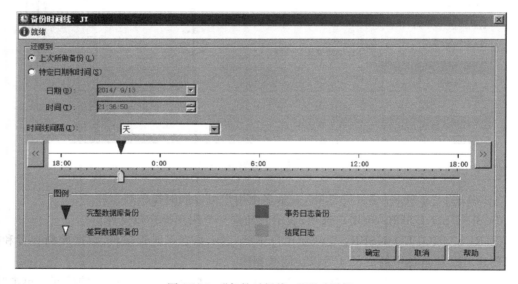

图 15-15 "备份时间线：JY"对话框

② 单击"源"区域下的 [___] 按钮,弹出"选择备份设备"窗口,如图 15-16 所示。在该窗口的"备份介质类型"下拉列表框中选择"备份设备"进行恢复操作。单击"添加"按钮,在弹出的"选择备份设备"对话框中指定备份设备,如图 15-17 所示。然后单击"确定"按钮,返回"选择备份设备"窗口。此时,"备份介质"文本框中显示了所选择备份设备的逻辑名称。单击"确定"按钮,返回"还原数据库-JY"窗口。

(4) 对"还原数据库-JY"窗口中的"选项"选项卡进行设置,如图 15-18 所示。

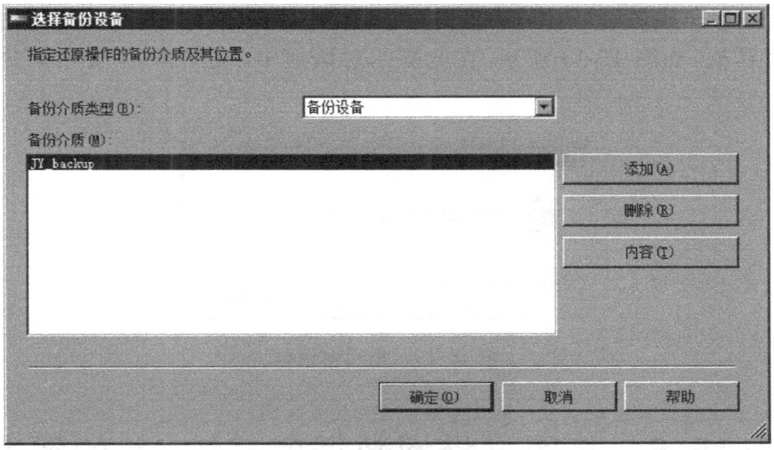

图 15-16 "选择备份设备"窗口

图 15-17 "选择备份设备"对话框

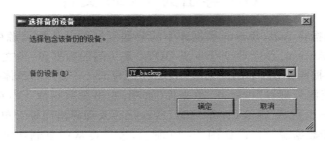

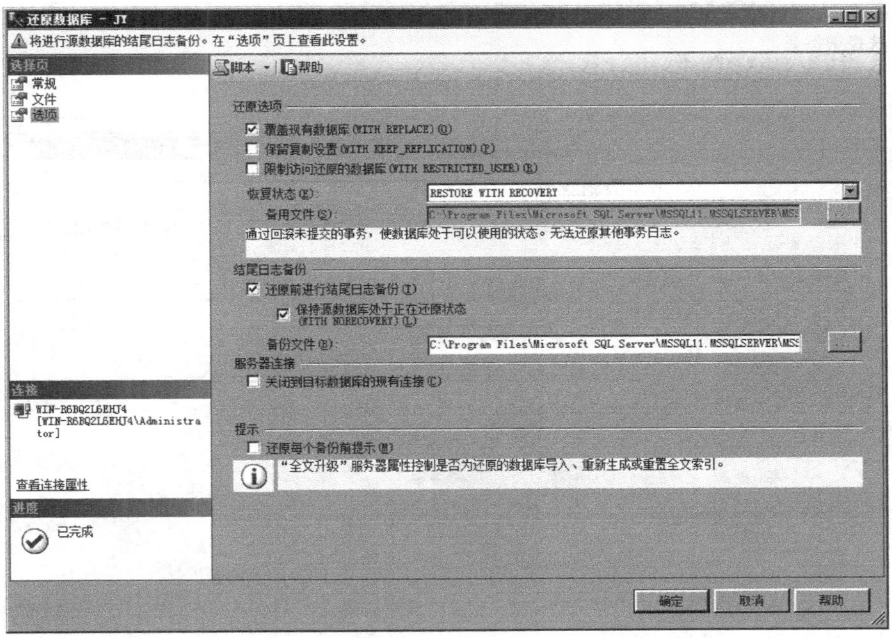

图 15-18 "还原数据库"窗口"选项"选项卡

（5）所有设置完成之后，单击"确定"按钮开始恢复数据库。恢复成功后，弹出一个提示还原成功的对话框，如图 15-19 所示，在此提示对话框中单击"确定"按钮，完成数据库恢复的操作。

图 15-19   提示对话框

任务 15.5   将图书借阅数据库系统 JY 的图书表 book 导出为 Excel 文件

数据的导出是指将 SQL Server 数据库中的数据复制到其他数据源中。其他数据源可以是 SQL Server、Access、通过 OLE DB 或 ODBC 来访问的数据源、纯文本文件等。

将图书借阅数据库系统 JY 的图书表 book 导出为 Excel 文件的具体操作步骤如下。

（1）在"对象资源管理器"中展开"数据库"选项，右击源数据库 JY，在弹出的快捷菜单中选择"任务"→"导出数据"命令，打开"SQL Server 导入和导出向导"，单击"下一步"按钮。

（2）打开"选择数据源"窗口，如图 15-20 所示，选择要从中复制数据的源，并根据源的不同，需要设置身份验证模式、服务器名称、数据库名称和文件格式等选项。其中，在"数据

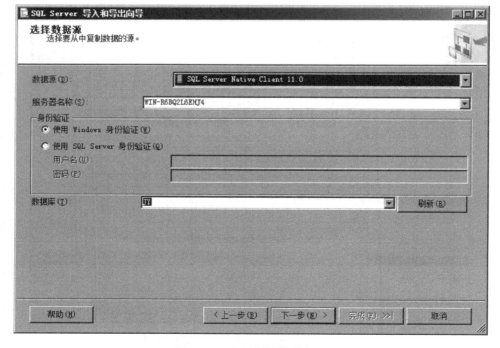

图 15-20   "选择数据源"窗口

源"下拉列表框中选择数据源的驱动类型,本例是从 SQL Server 2012 数据库中导出数据,则选择 SQL Server Native Client 11.0。在"服务器名称"下拉列表框中选择 SQL Server 服务器实例名,本例为 WIN-R6BQ2L6EHJ4。设置好数据源后,单击"下一步"按钮。

(3) 打开"选择目标"窗口,指定要将数据复制到何处,如图 15-21 所示。设置好参数后单击"下一步"按钮。

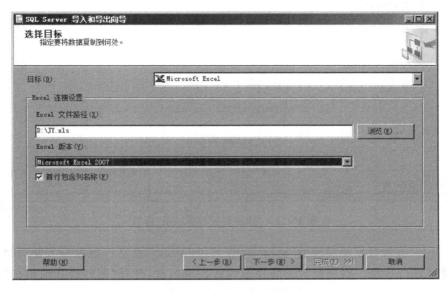

图 15-21 "选择目标"窗口

(4) 打开"指定表复制或查询"窗口,如图 15-22 所示,用来指定是从数据源复制一个或多个表和视图,还是从数据源复制查询结果。设置好参数后单击"下一步"按钮。

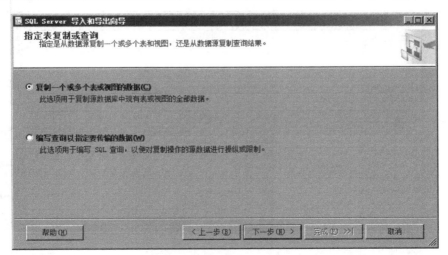

图 15-22 "指定表复制或查询"窗口

(5) 打开"选择源表和源视图"窗口,选择一个或多个要复制的表或视图,如图 15-23 所示。此处选择图书表 book。设置好参数后单击"下一步"按钮。

图 15-23　"选择源表和源视图"窗口

（6）打开"查看数据类型映射"窗口，如图 15-24 所示。在进行数据导入导出时，还可以对数据类型进行转换。双击包含要转换的列源类型的行，打开"列转换详细信息"窗口，如图 15-25 所示，就可以查看所选列的转换信息。单击"下一步"按钮。

图 15-24　"查看数据类型映射"窗口

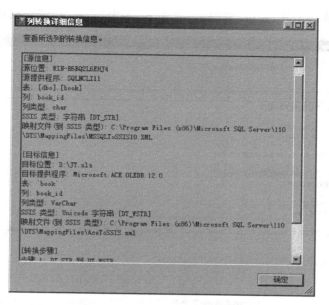

图 15-25 "查看所选列的转换信息"窗口

（7）打开"保存并运行包"窗口，如图 15-26 所示。其中：

① "立即运行"复选框：立即执行上面的设置。

② "保存 SSIS 包"复选框＋SQL Server 单选按钮：将 SSIS 包保存到数据库中。

③ "保存 SSIS 包"复选框＋"文件系统"单选按钮：将 SSIS 包保存到文件中。

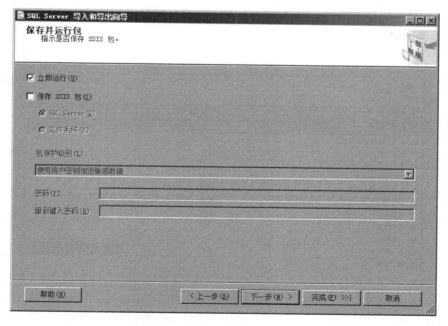

图 15-26 "保存并运行包"窗口

设置好参数后，单击"下一步"按钮。

（8）打开"完成该向导"窗口，如图 15-27 所示，单击"完成"按钮完成导入操作。

图 15-27　"完成该向导"窗口

（9）打开"执行成功"窗口，如图 15-28 所示。此时，将图书表 book 的数据导出为 Excel 文件执行成功，并给出详细信息。单击"关闭"按钮完成操作。

图 15-28　"执行成功"窗口

（10）验证，如图 15-29 所示。

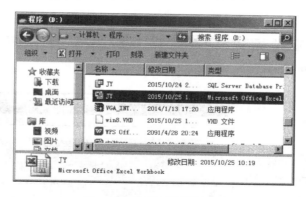

图 15-29　验证

任务 15.6　将 Excel 文件 JY. xls 导入到数据库 JY2 的数据表中

数据的导入是指从其他数据源把数据复制到 SQL Server 数据库中。其他数据源可以是 SQL Server、Access、通过 OLE DB 或 ODBC 来访问的数据源、纯文本文件等。将其他数据源的数据导入 SQL Server 中的操作过程与数据导出操作类似，只是目标和源的设置不同。

将 Excel 文件 JY. xls 导入到数据库 JY2 的数据表中具体操作步骤如下。

（1）在"对象资源管理器"中展开"数据库"选项，右击目标数据库 JY2，在弹出的快捷菜单中选择"任务"→"导入数据"菜单命令，打开"SQL Server 导入和导出向导"窗口，单击"下一步"按钮。

（2）打开"选择数据源"窗口，如图 15-30 所示，选择要从中复制数据的源。设置完数据源后，单击"下一步"按钮。

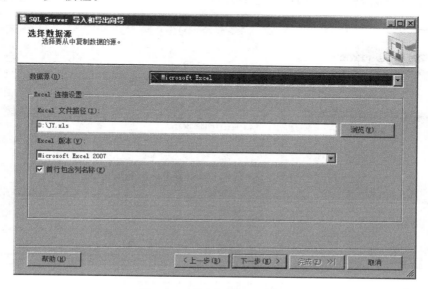

图 15-30　"选择数据源"窗口

维护数据库

（3）打开"选择目标"窗口，如图 15-31 所示，指定要将数据复制到何处。设置完毕后，单击"下一步"按钮。

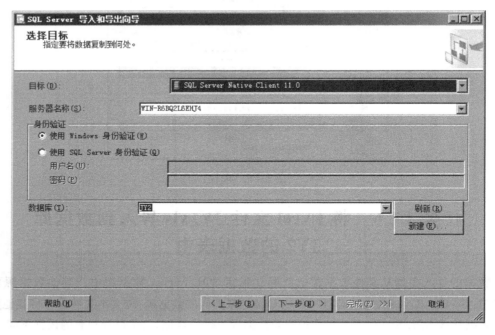

图 15-31 "选择目标"窗口

（4）打开"指定表复制或查询"窗口，单击"复制一个或多个表或视图的数据"单选按钮，如图 15-32 所示。单击"下一步"按钮。

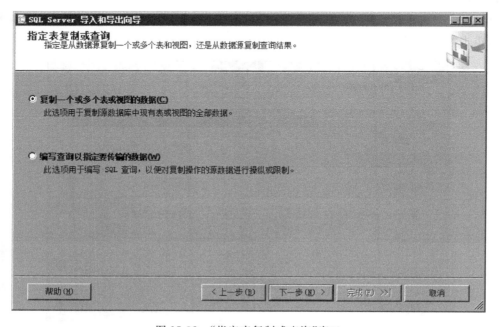

图 15-32 "指定表复制或查询"窗口

（5）打开"选择源表和源视图"窗口，如图 15-33 所示，从中选择要复制的表和视图。单击"下一步"按钮。

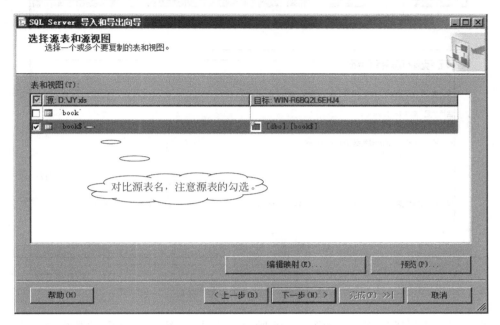

图 15-33　"选择源表和源视图"窗口

（6）打开"保存并运行包"窗口，选择"立即执行"复选框，如图 15-34 所示。单击"下一步"按钮。

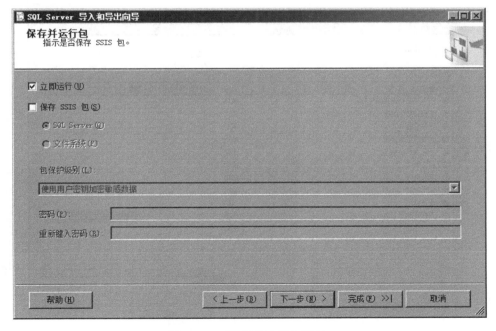

图 15-34　"保存并运行包"窗口

维护数据库

(7) 打开"完成该向导"窗口，如图 15-35 所示。单击"完成"按钮。

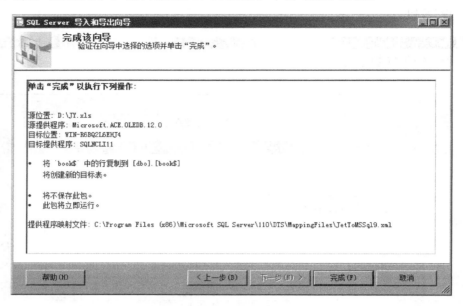

图 15-35　"完成该向导"窗口

(8) 打开"执行成功"窗口，如图 15-36 所示。此时，将图书表 book 的数据导出为 Excel 文件执行成功，并给出详细信息。单击"关闭"按钮完成操作。

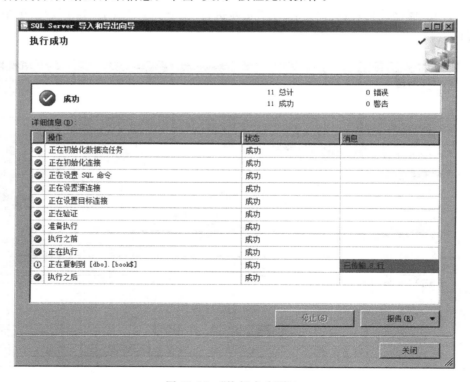

图 15-36　"执行成功"窗口

（9）验证。此时,在"对象资源管理器"窗口中可以看到,JY2 选项已增加了图书表 book＄,如图 15-37 所示。

图 15-37　验证

项目小结

（1）SQL Server 2012 中的恢复模式分为三种：完整恢复模式、大容量日志恢复模式和简单恢复模式。

（2）SQL Server 2012 提供 4 种备份数据库的方式：完整备份、差异备份、事务日志备份以及文件和文件组备份。完整备份可以备份整个数据库的所有内容；差异备份是完整备份的补充,只备份上次完整备份后更改的数据；事务日志备份只备份事务日志的内容；文件和文件组备份只备份数据库中的某些文件和文件组。

（3）在还原数据库之前要查看数据库的使用状态,因为还原时要独占数据库资源。

（4）在 SQL Server 2012 中使用数据导入导出可以在不同的数据源和目标之间复制与转换数据。无论是导入数据还是导出数据,传输数据的步骤都是：选择数据源、选择目标、指定要传输的数据,从而完成操作。

课程实训

在学生选课系统 xk 的实训中,完成：

（1）创建名为 xk_back 的备份设备。

（2）对 xk 数据库进行备份。

（3）先删除 xk 数据库中的课程表,然后对 xk 数据库进行恢复,并验证恢复结果。

（4）将 xk 数据库选修表的数据导出到 Excel 文件。

（5）将 Excel 文件中的数据导入到 xk 数据库。

维护数据库

思考练习

（1）数据备份有哪些类型？各种类型分别适用于哪些情形？

（2）什么是备份设备？简述物理设备备份和逻辑设备备份的内容和区别。

（3）需要采用怎样的备份措施才能尽可能维护数据库的完整性？

附录 课前小测参考答案

项目 1 SQL Server 2012 系统概述

题 号	答 案
1	C
2	B
3	C

项目 2 创建数据库

题 号	答 案
1	D
2	A
3	A
4	B

项目 3 创建数据表

题 号	答 案
1	A
2	B
3	D
4	D
5	B

项目 4 实施数据完整性规则

题 号	答 案
1	B
2	D
3	A
4	B
5	B

项目 5 管理数据

题 号	答 案
1	C
2	D
3	B
4	C
5	C

项目 6 Transact-SQL 基础

题 号	答 案
1	A
2	A
3	C
4	B
5	B
6	B
7	A

项目 7 查询与统计数据

题 号	答 案
1	D
2	D
3	B
4	B
5	B
6	C
7	C
8	B

项目 8　创建与管理视图

题　号	答　案
1	D
2	D
3	C
4	C
5	C

项目 9　创建与管理索引

题　号	答　案
1	B
2	D
3	C
4	A
5	C

项目 10　创建与管理存储过程

题　号	答　案
1	A
2	D
3	B

项目 11　创建与管理触发器

题　号	答　案
1	A
2	D
3	A
4	D
5	A

项目 12　创建与使用游标

题　号	答　案
1	D
2	D

项目 13　处理事务和锁

题　号	答　案
1	C
2	C
3	A
4	C
5	D

项目 14　SQL Server 安全管理

题　号	答　案
1	D
2	D
3	C
4	B
5	C

项目 15　维护数据库

题　号	答　案
1	D
2	B
3	C
4	C
5	D

参 考 文 献

［1］ ［美］Abraham Silberschatz,Henry F Korth,S Sudarshan.数据库系统概念(原书第6版).杨冬青,李红燕,唐世渭译.北京:机械工业出版社,2012.

［2］ 王珊,萨师煊.数据库系统概论.北京:高等教育出版社,2006.

［3］ 王英英,张少军,刘增杰.SQL Server从零开始学.北京:清华大学出版社,2012.

［4］ 徐人凤,曾建华.SQL Server 2005数据库及应用(第3版).北京:高等教育出版社,2013.

［5］ Microsoft SQL Server 2012联机手册.2014.

［6］ 刘智勇,刘径舟.SQL Server 2008宝典.北京:电子工业出版社,2010.

［7］ 贺桂英.数据库应用与开发技术——SQL Server.南京:江苏教育出版社,2012.

［8］ 廖梦怡,王金柱.SQL Server 2012宝典.北京:电子工业出版社,2014.

［9］ 黄崇本,谭恒松.数据库技术与应用.北京:电子工业出版社,2012.